兽医 X 线摆位技术手册

Handbook of Radiographic Positioning for Veterinary Technicians

主编　[美] Margi Sirois

　　　[美] Elaine Anthony

　　　[美] Danielle Mauragis

主译　赵秉权　邵知蔚

中国农业科学技术出版社

著作权合同登记号：图字 01-2018-4892 号

图书在版编目（CIP）数据

兽医X线摆位技术手册 /（美）马尔吉·西罗伊（Margi Sirois），（美）伊莱恩·安东尼（Elaine Anthony），（美）丹妮尔·莫拉吉斯（Danielle Mauragis）主编；赵秉权，邵知蔚主译 . —北京：中国农业科学技术出版社，2019.1

ISBN 978-7-5116-3895-3

Ⅰ.①兽… Ⅱ.①马… ②伊… ③丹… ④赵… ⑤邵… Ⅲ.①动物疾病 - X射线诊断 - 手册 Ⅳ.① S854.7-62

中国版本图书馆 CIP 数据核字（2018）第 215318 号

责任编辑　张志花
责任校对　李向荣

出 版 者　中国农业科学技术出版社
　　　　　北京市中关村南大街 12 号　　邮编：100081
电　　话　（010）82106636（编辑室）　　（010）82109702（发行部）
　　　　　（010）82109709（读者服务部）
传　　真　（010）82106631
网　　址　http://www.castp.cn
经 销 者　各地新华书店
印 刷 者　北京科信印刷有限公司
开　　本　185 mm×260 mm　1/16
印　　张　15
字　　数　350 千字
版　　次　2019 年 1 月第 1 版　2019 年 1 月第 1 次印刷
定　　价　180.00 元

Handbook of Radiographic Positioning for Veterinary Technicians
Margi Sirois, Elaine Anthony, Danielle Mauragis

《兽医 X 线摆位技术手册》
编 委 会

译者序

X线检查设备是小动物临床的基础诊疗设备,这就强调了X线检查在临床诊断中的重要地位。X线检查不仅可以诊断疾病,还可以筛查和评估系统性疾病。为此,一方面要求医生能够明确X线检查适应证,开出跟病变定位吻合的X线检查申请;另一方面要保证获得良好的影像质量。影响X线影像质量的因素很多,包括摆位、动物差异、成像因素、图像显示和医生助理能力或理念。其中,摆位技术的影响至关重要,尤其是在已经基本普及DR的现阶段临床中,因为影像的显示已经模式化,胶片冲洗的多因素不再成为临床难点。强化"确定按部位投照,并有效保定"的摆位技术成为当前提高小动物X线影像质量的重点。

《兽医X线摆位技术手册》正是这样应运而翻译的。该书由赵秉权和邵知蔚主译,梁芳和杨伦副主译,丛恒飞、刘彤彤、王芳和袁雪梅参译。译者为小动物临床一线医生和国内高端DR销售公司的技术人员,了解目前小动物X线检查的痛处,希望为读者提供临床可落地的摆位实用技术参考书。该书虽然不是一本全面的影像学教科书,但从摆位方位术语、摆位辅具、影像标记等方面说起,通过说明摆位、投照中心、投照范围、标记、测厚、备注及提供摆位照片、对应的X线片和线条图,详解犬猫胸部、腹部、骨盆、前肢、后肢、头部、脊柱、牙科等各部位摆位,书中最后一章还介绍了鸟类、蜥蜴、龟、兔、雪貂等异宠的X线摆位,可谓物种全面、内容翔实,且一目了然,颇具临床指导性和实用性。这些都将为国内小动物临床X线检查提供有益的帮助。

原书有一些错误,译者在翻译的过程中进行了修改。但是,毕竟译者水平有限,力求忠实于原书,逐字、逐句、逐段把关推敲,书中翻译难免还有值得商榷之处,敬请广大读者在使用时予以提出,以期再版时补充修改。

译 者

2018 年 9 月

前　言

　　X 线检查是临床实用诊断工具，能为临床医生提供高质量的可供临床诊断的 X 线片，兽医技师起着关键作用。合适的摆位对获得高诊断质量的图像至关重要。本书既提供了犬、猫、鸟和啮齿动物等 X 线检查时的摆位细节，也提供了说明保定姿势摆位照片及以此拍摄出来的 X 线片和对应的 X 线片线条图。本书也涵盖了犬和猫牙科 X 线摄影的相关技术。尽管本书不是一本综合性的 X 线检查参考书，但是也详细说明了动物摆位、摆位辅具、X 线影像标记等内容。虽然文中描述的摆位技术对镇静或麻醉后操作的动物更适用，然而，所有的摆位操作都可以通过人工保定完成。无论是传统的屏 – 片摄影，还是数字摄影（CR 或 DR），摆位技术对保证 X 线影像质量都是非常重要的。建议读者查阅其他综合性 X 线检查参考书，了解 X 线的产生、胶片冲洗、辐射安全等与 X 线影像获得的息息相关的知识。

目　　录

第1章

小动物 X 线摄影摆位的基本原则

概述

　　小动物 X 线摄影的摆位需要了解物种的正常解剖和相关的描述性方位术语。当患病动物摆位不恰当时，可能会出现 X 线片的判读不准确，继而造成错误诊断。恰当的摆位一般需要对患病动物使用化学保定（给予镇静剂和麻醉剂）或物理保定（使用影像学摆位辅具）来进行制动。人工保定会增加保定人员电离辐射暴露的风险，应尽量避免。当需要人工保定时，保定人员应该采取防护措施，尽量减少电离辐射暴露。防护措施包括恰当的摆位、尽可能远离原发 X 线束，并穿戴适当的防护服（铅手套、铅围裙、铅围脖和铅眼镜）。

患病动物准备

兽医技术人员应确保所有拍摄 X 线片的动物的被毛干净、干燥。因为湿的被毛和碎屑会在 X 线片上产生令人混淆的伪影。如有可能，移除颈圈和牵引绳、局部用药、绷带和夹板。

进行 X 线摄影的动物必须恰当保定。理想情况下，可使用镇静剂或麻醉剂进行化学保定，这样保定人员就不必留在放射室内。这也将最大程度地降低 X 线片上运动伪影出现的可能性以及最大程度减少动物的应激。在某些地方，法律禁止人工保定。当需要人工保定时，应使用摆位辅具、正确使用铅屏蔽，尽量减少技术人员的辐射暴露。患病动物的舒适度也必须考虑。

详细的计划和准备将减少患病动物必须保持在摄影床上的总时间。把动物放到摄影床上之前，确定所有需要的投照体位并准备好所有的用品和装备。

方位术语

方位术语的基本知识是对患病动物进行正确摆位和 X 线投照描述的必要条件。美国兽医放射学会（ACVR）确定了 X 线投照的标准命名法。这个公认的命名系统要求只能使用经批准的兽医解剖学方位术语或其缩写来命名 X 线的投照。使用方位术语描述 X 线投照时，实际上就是说明了原发 X 线束的中心射线在投照部位由一侧进入再由另一侧穿出机体。当需要组合方位术语和斜位投照时，ACVR 指南也有推荐命名法。在小动物中，除非另有说明，都是假定原发 X 线束从动物上方发出。

常用的方位术语

背腹位（Dorsoventral，DV）：该术语描述的是原发 X 线束从患病动物的背侧（背线或脊柱）进入，从腹侧（胸骨或胸部和腹部）穿出而获得的 X 线片（图 1–1a）。

腹背位（Ventrodorsal，VD）：该术语描述的是原发 X 线束从患病动物的腹侧进入，从背侧穿出而获得的 X 线片（图 1–1b）。

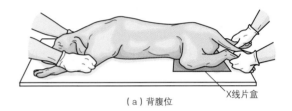

（a）背腹位 　　　　　 X线片盒

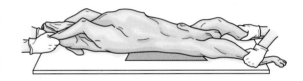

（b）腹背位

图 1–1　背腹位和腹背位投照

内侧（Medial，M）：该术语是指朝向动物中线的方向（图 1–2）。一般与其他方位术语组合使用来描述斜位投照。例如，背内（dorsomedial）指原发 X 线束从背侧进入朝

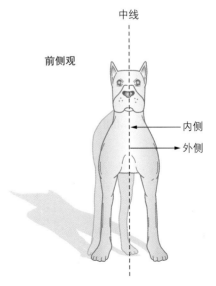

中线

前侧观

内侧

外侧

图 1–2　内侧与外侧

向中线方向。四肢的 X 线片是原发 X 线束从肢体的内侧进入再从外侧穿出而产生的，可表示为内外侧位，正常情况下简写为 L。

外侧（Lateral）：该术语描述的是原发 X 线束从远离患病动物身体的内侧面或中线的那一侧面进入产生的 X 线片。严格使用 ACVR 命名法时，动物右侧卧时的侧位投照可表示为左右侧位。但按照惯例，会简写为右侧位，意思是患病动物右侧卧时，动物的右侧最贴近 X 线片盒。类似的，患病动物右侧卧时，患肢放在摄影床或片盒上，X 线束从内侧向外侧穿过，此时获得的肢体 X 线片也可称为右侧位投照。

近端（Proximal，Pr）：这是一个相对的方位术语，表示靠近另一个组织结构的附着点或起点或靠近动物中线的一端（图 1-3）。

远端（Distal，Di）：这是一个相对的方位术语，表示远离另一个组织结构的附着点或起点或远离动物中线的一端（图 1-3）。

吻侧（Rostral）：这个相对的方位术语表示位于头部任何一点更接近鼻孔的结构（图 1-3）。

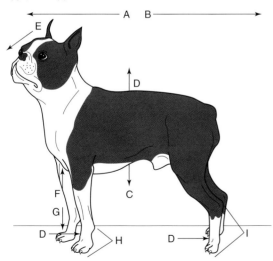

图 1-3　常见的方位和摆位术语。波士顿梗身上的箭头表示以下方位术语：A = 前侧，B = 后侧，C = 腹侧，D = 背侧，E = 吻侧，F = 近端，G = 远端，H = 掌侧，I = 跖侧

前侧（Cranial，Cr）：这个相对的方位术语表示位于身体任何部位更靠近动物头部的结构（图 1-3）。

后侧（Caudal，Cd）：这个相对的方位术语表示位于身体任何部位更靠近动物尾巴的结构（图 1-3）。

跖侧（Plantar）：该术语用于描述后肢跗关节远端的后侧；跗关节近端的正确术语是后侧（图 1-3）。

掌侧（Palmar）：该术语用于描述前肢腕关节远端的后侧；腕关节近端的正确术语是后侧（图 1-3）。

前后位（Craniocaudal，CrCd）：该术语描述的是原发 X 线束从一个结构的前侧面进入再从后侧面穿出而获得的 X 线投照。最常用于腕关节或跗关节近端的四肢 X 线片。在过去的兽医文献上将这一投照称为前后位（Anterior-Posterior，AP）。

后前位（Caudocranial，CdCr）：该术语描述原发 X 线束从一个结构的后侧面进入再从前侧面穿出而获得的 X 线投照。最常用于腕关节或跗关节近端的四肢 X 线片。在过去的兽医文献上将这一投照称为后前位（Posterior-Anterior，PA）。

背掌位（Dorsopalmar，Dpa）：该术语用于描述原发 X 线束从前肢背侧面进入再从掌侧面穿出而获得的腕关节远端的 X 线投照。在过去的兽医文献上将这一投照称为前后位（Anterior-Posterior，AP）。

掌背位（Palmar dorsal，PaD）：该术语用于描述原发 X 线束从前肢掌侧面进入再从背侧面穿出而获得的腕关节远端的 X 线投照。在过去的兽医文献上将这一投照称为后前位（Posterior-Anterior，PA）。

背跖位（Dorsoplantar，Dpl）：该术语

用于描述原发 X 线束从后肢背侧面进入再从跖侧面穿出而获得的跗关节远端的 X 线投照。在过去的兽医文献上将这一投照称为前后位（Anterior-Posterior，AP）。

跖背位（Plantardorsal，PID）：该术语用于描述原发 X 线束从后肢跖侧面进入再从背侧面穿出而获得的跗关节远端的 X 线投照。在过去的兽医文献上将这一投照称为后前位（Posterior-Anterior，PA）。

斜位（Oblique，O）：该术语是指原发 X 线束以除 90° 以外的角度进入投照部位的 X 线投照。斜位投照有时用于获取在标准 90° 投照时可能与其他结构重叠的结构的图像。几乎所有的牙齿 X 线片都是通过斜位投照获得的。使用的角度可能会根据投照位不同而有所差异。X 线片的描述中应包含特定的角度，同时应有适当的术语来描述原发 X 线束的方向。例如，D60LMPaO 表示原发 X 线束以 60° 角从后肢背侧面进入再从掌内侧面穿出。这种命名方法可能不太实用，通常是在特定环境中使用简称进行标准斜位的描述。

摆位辅具

在 X 线摄影中，可以使用摆位辅具增加患病动物的舒适度以确保正确摆位。使用摆位辅具后，在一定程度上，保定人员不留在房间内也可以对患病动物进行摆位检查。需要人工保定时，摆位辅具将有助于保定人员将动物维持正确的位置。摆位辅具应当小巧轻便，方便使用和存放。大多数的摆位辅具在 X 线片上会留下一些密度阴影，因此不应将其放置在投照部位之上或下方。由塑料制成的摆位辅具是透射线的，也就是说 X 线可以穿过摆位辅具。可重复使用的摆位辅具必须是防水、可洗和耐脏的，包括沙袋、泡沫垫和泡沫楔、豆袋、槽和绳子。一次性的摆位辅具包括多孔非弹性的胶带、塑料管或乳胶管和纱布卷。

沙袋

沙袋可以购买商品化的（图 1-4），也可以用从工艺品商店购买的材料自制。商品化的沙袋通常预先装满干净的硅砂，并永久密封。它们通常由带有塑料衬里的乙烯基或尼龙制成。也可以购买带有可密封开口的空袋子，并装满沙子。帆布袋不容易消毒，因此应在每次使用前用一次性塑料包装。

图 1-4　用于影像学摆位的沙袋

豆袋

填充有聚酯粒子的垫子通常称为豆袋。它们的结构与沙袋相似，并且有各种尺寸。也有连接真空软管的豆袋。当患病动物正确摆位后，保定人员可以去除袋中的空气，让豆袋在动物体周围塑形。豆袋通常是由乙烯基或类似材料制成。

泡沫垫和泡沫楔

泡沫垫和泡沫楔有各种尺寸和形状（图 1-5）。三角形和矩形的泡沫块最为常见。有些泡沫楔和垫子有可水洗的重乙烯套子。单纯的泡沫垫和泡沫楔不易消毒，使用前必须用一次性材料覆盖。泡沫摆位辅具通常是透射线的，但也有一些覆盖着厚重织物，可能在 X 线片上产生密度阴影。

图 1-5　泡沫楔

保定槽

　　U 形槽和 V 形槽是常用的摆位辅具。它们有各种宽度和长度。保定槽可以更好地使患病动物维持仰卧位。它们通常由透明塑料（图 1-6）或者是乙烯基覆盖的槽形泡沫（图 1-7）制成。塑料槽是透射线的。也可使用头槽，头槽呈 U 形，含有可用于保持头部位置的丙烯酸棒。当使用保定槽对胸部或腹部进行投照时，槽的长度必须足以使整个投照

图 1-6　透明塑料的 V 形槽

图 1-7　乙烯基覆盖的 V 形槽

部位完全处于槽内。如果使用保定槽放置动物进行其他部位的影像学检查，如骨盆，则保定槽必须完全位于 X 线投照区域之外。如果保定槽的长度不够或摆放不当，X 线片上可能出现槽的边缘引起的密度伪影。

其他的摆位辅具

　　绳子、纱布卷、胶带和塑料管可制作成本低且有效的摆位辅具。胶带作为摆位辅具可以有很多功能。它可用于伸展肢体或扩大指 / 趾间隙，以增加结构的可见度。它也可以用于旋转肢体并将其保持在适当位置，以获得斜位投照或者保持骨骼和关节与 X 线束垂直。绳子和纱布可以绕在肢体周围伸展肢体。绳子的末端可以系在桌子上，也可由保定人员牵拉。通过牵拉绳子或纱布末端伸展肢体，可以增加保定人员与原射线束之间的距离，减少保定人员的电离辐射暴露。压缩带和压迫桨、木匙和魔术贴也可以用来帮助固定患病动物。塑料开口器有助于某些牙科和头部 X 线摄影的摆位。

　　丙烯酸管通常用于异宠 X 线摄影的保定。尽管大多数患病异宠通常需要化学保定，但是纸袋和枕套也可用来保定某些品种的异宠。在第 10 章中会详细介绍用于异宠的摆位辅具。在市场上也可购买到大量专门用于小动物影像学摆位的辅具。

X 线摄影摆位的操作步骤

　　在 X 线摄影检查时，动物摆位的具体方案根据感兴趣的解剖区域和动物种类的不同而不同。几乎所有的 X 线摄影检查，都需要两个相互垂直角度的投照。通常，患病动物的感兴趣区域应尽可能地贴近 X 线片盒。这样可以减小放大失真并增加细节。对于某些需要对影像放大的病例，此时 X 线曝光感兴

趣区域远离 X 线片盒而更接近 X 线管。在拍摄异宠的 X 线片时常会使用到这种方法。除了斜位和一些牙科 X 线片投照之外，检查部位应与 X 线管保持垂直，以使得到的 X 线片上感兴趣区域的失真程度最小。

患病动物在摄影床上放置时，感兴趣区域的最厚部分朝向 X 线管的阴极端。X 线管阴极端的 X 线的强度更高，这种效应被称为阳极足跟效应，利用足跟效应，可以让最终的 X 线片上的影像密度更均匀。

投照中心和投照范围

在最后得到的 X 线片上必须包含可以指示特定的解剖结构的体表标志。这些是动物身体上可以看见或触摸到的固定区域。例如，最后肋骨、下颌角和肩胛骨都是有用的可触摸到的标志。

应始终对动物进行摆位，使进行 X 线摄影的感兴趣的解剖区域位于 X 线片的中心。例如，拍摄腹部 X 线片时，原发 X 线束以腹部中央为投照中心。但是，如果感兴趣的解剖区域是犬的脾脏，则原发 X 线束对准腹部中央的外侧，使脾脏的中心位于 X 线片的中心。

为识别所拍摄的结构，X 线片应该包括一个足够大的区域。例如，长骨 X 线片必须包括骨的近端和远端关节，而关节的 X 线片必须包括关节近端和远端 1/3 骨骼。

所选 X 线片盒的尺寸必须略大于需要的尺寸，以便呈现所需图像。然后使用准直器来控制 X 线束的范围（图 1-8）。这可以减少散射线辐射以及保定人员原发 X 线束的暴露，同时可以改善图像的整体质量。使用了适当准直的 X 线片，其四周都会有清晰的未曝光区域。当 X 线束投照中心正确并且使用正确尺寸的片盒时，通常只需要在动物的前侧 / 后侧（Cr/Cd）和背侧 / 腹侧（D/V）明确一个表面标记。

在某些情况下，所使用的 X 线片盒是正常需求的 2 倍，在 X 线片的每一侧分别曝光一张图像，称为"二次曝光"。进行第一张图像曝光时，使用铅板遮挡半侧的 X 线片盒，防止被遮盖的半侧 X 线片曝光（图 1-9）。然后将铅板移动到片盒的另半侧，在未遮挡的半侧进行第二次曝光。务必注意，患病动物每次都要朝同一个方向，这样最后得到的 X 线片上两个图像才是同样的体位。

图 1-8　准直器

图 1-9　二次曝光

测量

常用卡尺测量患病动物的厚度，以便在 X 线机上设置正确的曝光条件（图 1-10）。要测量投照部位的最厚处厚度。如果在前侧和后侧体表标志之间有明显的厚度差异，则可能需要使用两个片盒来获得所需的图像。这种情况下，分别投照检查部位的前部和后部。这种情况最常见于桶状胸的大型犬腹部和胸部 X 线片的拍摄。当所使用的 V 形槽在投照范围内时，V 形槽的厚度应包含在用卡尺测量的总厚度中。

标记

有数种可用的标记 X 线片的方法。在曝光之前，可以将患病动物的信息写在铅带上，然后放置在 X 线片上同时曝光，或者在暗室内印在 X 线片上。当使用标签打印机时（图 1-11），X 线片盒上必须有一个铅遮板，以避免这部分 X 线片曝光。准备好已印有患病动物信息的卡片。在暗室内，使用标签打印机将片盒内之前未曝光的区域通过闪烁白光将信息从卡片上转印到 X 线片上。铅带是和与 X 线摄影的曝光设置相匹配的密度滤光器一起使用的。一般来说，将片盒放在摄影床下面使用滤线栅曝光需要使用绿色密度滤光器，而将片盒放在摄影床上面曝光需要使用白色密度滤光器（图 1-12）。数字系统通常利用计算机软件将患病动物的信息嵌入在最后得到的 X 线片上。至少需要的信息包括 X 线片的拍摄日期、兽医师或诊所的名称、患病动物和主人的名字。除了患病动物信息之外，还可以标记原发 X 线束穿入穿出的方向。四肢投照也可以在 X 线标签上标记前肢或后肢。标记必须放置在不会与检查部位重叠的位置。

所有的 X 线片上也必须包含方位标记。这些标记在曝光之前添加。方位标记可以由

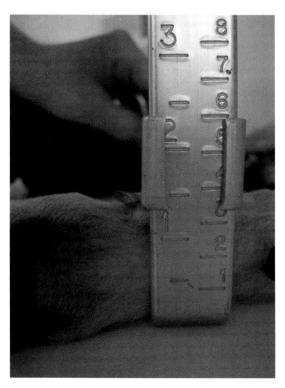

图 1-10　用于获得体厚测量的卡尺

图 1-11　X 线标签打印机

图 1-12　在密度滤光器上的 X 线标记铅带

修成 R 形或 L 形的铅遮板组成，或者购买商品化的。常见的方位标记是 R 或 L 形的金属。该标记是用于标出患病动物的右侧或左侧以及被投照肢体的摆位。前后位或后前位投照时，标记放置在肢体的侧面。肢体的侧位投照，左或右标记放置在肢体的前侧。背腹位或腹背位投照，标记用于指示患病动物的右侧或左侧。可用多种类型的标记标出患病动物位置的详细信息（图 1–13a–c）。

一些 X 线造影检查需要拍摄连续的 X 线片。这些 X 线片也必须用计时标记进行时间记录（图 1–14）。通常是指从 X 线摄影开始以来的实际用时，或者指连续拍片中 X 线片的数量。也可在铅带标记上做出这些指示；也可使用定时器标记，它包含一个有旋转表盘的钟面，以指示经过的时间或 X 线片的曝光时间。重力标记可用于指示患病动物处于站立状态。

(a)

图 1–14 时间指示器

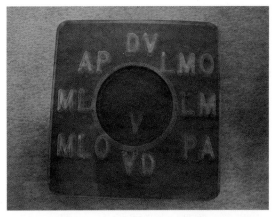

(b)

(c)

图 1–13 a–c 方位标记物

第 2 章

胸部 X 线摄影

概述

胸部 X 线摄影主要用于评估胸部软组织（如肺和心脏）。胸部 X 线片通常在吸气末曝光。怀疑气胸时，通常需要在呼气暂停时曝光。最常使用的投照体位是右侧位或左侧位和腹背位。如果需要拍摄腹背位、背腹位、右侧位和左侧位，首先要进行腹背位和背腹位投照，以避免倒卧侧肺塌陷。

对于所有的胸部投照，前肢必须向前拉伸，避免肩部肌肉与胸部结构重叠。对于背腹位和腹背位投照，胸骨应与胸椎重叠。在摆位良好的侧位 X 线片上，肋骨肋软骨结合处以及胸椎角都是均等的，而且在某些区域是重叠的。有时也会使用水平 X 线投照，可以检查胸腔内是否有气体或液体。侧位、背腹位和腹背位均可以使用水平 X 线投照。

以下几页说明了胸部 X 线片的正确摆位和投照技术。

胸部侧位投照

摆位：

- 首选右侧位。
- 双前肢向前牵拉；双后肢向后牵拉。
- 在胸骨下放置泡沫垫，避免身体旋转，保持胸骨与脊柱在同一水平面。
- 颈部自然伸展。

投照中心：

- 肩胛骨后缘。

投照范围：

- 投照区域内包含整个胸部。
- 前缘：胸腔入口处。
- 背侧缘：脊柱棘突。
- 腹侧缘：剑状软骨。

标记：

- R 或 L 标记放置在投照区域内，确保标记物不会遮挡任何解剖结构。
- 标记放置在投照区域内的后部区域。

测厚：

- 测量最高处的厚度。

备注：

- 宽胸动物的胸骨下方可能不需要放置泡沫垫。
- 确保投照区域内没有沙袋。

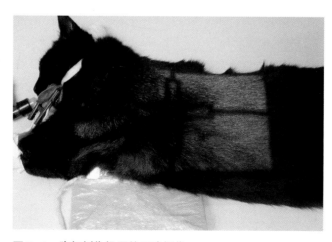

图 2-1　胸部侧位投照的正确摆位

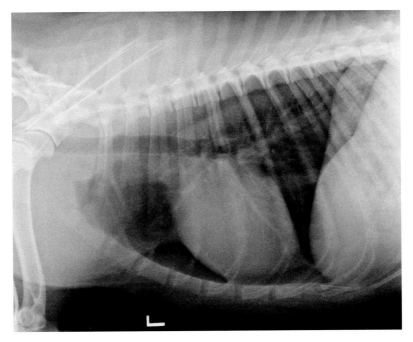

图 2-2　胸部侧位 X 线片

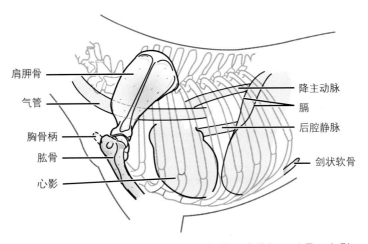

图 2-3　解剖结构和标志：肩胛骨、气管、胸骨柄、肱骨、心影、降主动脉、膈、后腔静脉和剑状软骨

胸部腹背位投照

摆位：

- 动物仰卧。
- 双前肢前拉，鼻子位于前肢之间。
- 双后肢后拉。
- 使用 V 形槽摆位有助于胸骨和脊柱的重叠。

投照中心：

- 肩胛骨后缘的正中线。

投照范围：

- 前缘：胸腔入口处。
- V 形槽完全位于投照区域内。
- 外侧缘：体壁。

标记：

- R 或 L 标记放置在 V 形槽内腋窝前。
- 标记放置在投照区域内的前部或后部区域。

测厚：

- 测量最高点厚度（通常在最后肋骨处）。

备注：

- 可能需要使用泡沫垫，保持胸骨和脊柱在同一垂直面，避免旋转。
- 这一体位也可使用水平X线投照，被称为水平腹背位投照（图2-5）。动物侧卧于泡沫垫上，使其远离摄影床面。X线从动物腹侧向背侧投照。

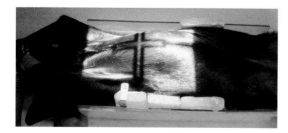

图 2-4　胸部腹背位投照的正确摆位

图 2-5　水平腹背位投照

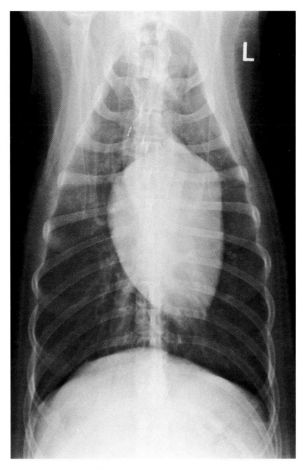

图 2-6　胸部腹背位 X 线片

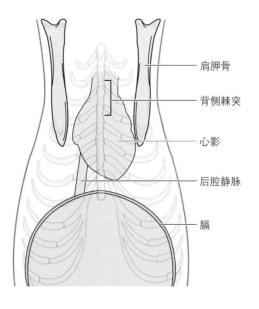

图 2-7　解剖结构和标志：肩胛骨、背侧棘突、
心影、后腔静脉和膈

胸部背腹位投照

摆位：

- 动物俯卧。
- 双前肢轻微前拉，腕关节与耳朵处于同一水平。
- 双后肢处于自然屈曲状态。
- 胸骨和脊柱重叠。

投照中心：

- 肩胛骨后缘。

投照范围：

- 前缘：胸腔入口处。
- 外侧缘：体壁。

标记：

- R 或 L 标记放置在投照区域内腋窝后方。
- 标记放置在投照区域内的后部区域。

测厚：

- 测量最高处厚度（通常在最后肋骨处）。

备注：

- 保持胸骨与脊柱在同一垂直面。
- 这一体位也可使用水平 X 线投照。

图 2-8　胸部背腹位投照的正确摆位

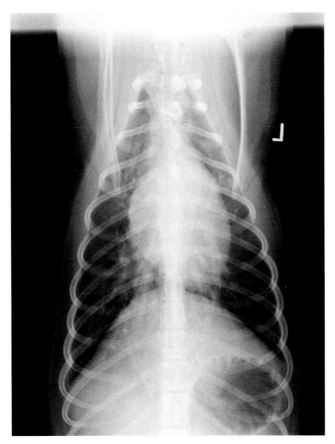

图 2-9　胸部背腹位 X 线片

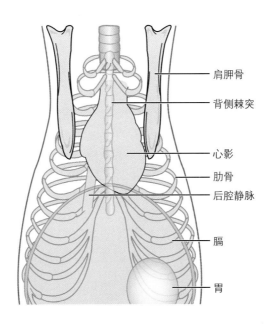

图 2-10　解剖结构和标志：肩胛骨、背侧棘突、
心影、肋骨、后腔静脉、膈和胃

胸部站立位水平侧位投照

摆位:

- 首选右侧位。
- 自然站立。

投照中心:

- 肩胛骨后缘。

投照范围:

- 包含投照区域内的整个胸部。
- 前缘:胸腔入口处。
- 背侧缘:脊柱棘突。
- 腹侧缘:胸骨。

标记:

- R 或 L 标记放置在投照区域内腋窝前方。
- 标记放置在投照区域内的后部区域。

测厚:

- 测量最高处厚度。

备注:

- 应使用重力标记,如 Mitchell 标记。
- 肩部肌肉组织与胸前部重叠。
- 侧位也可以使用水平 X 线投照。动物俯卧于泡沫垫上方,双前肢轻微前拉,双后肢处于自然蜷缩状态(图 2-12)。

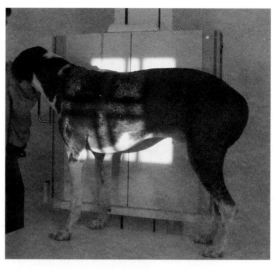

图 2-11　站立水平侧位投照的正确摆位

图 2-12　俯卧侧位水平 X 线投照

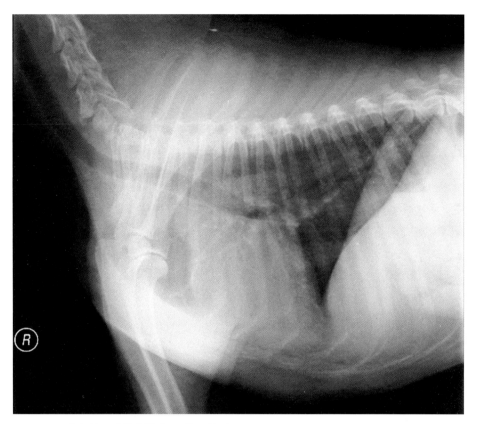

图 2-13　胸部站立水平侧位投照的 X 线片

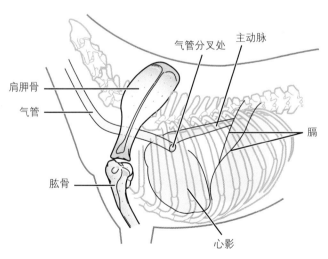

图 2-14　解剖结构和标志：肩胛骨、气管、肱骨、气管分叉处、主动脉、膈和心影

第 3 章

腹部 X 线摄影

概述

腹部 X 线摄影主要用于评估腹部的软组织（肾脏、膀胱、肝脏、胃肠道）。腹部 X 线片在最大呼气末和刚开始吸气前（呼气暂停）进行曝光。常用的是侧位和腹背位（VD）投照。

对于大型犬，如果不能在一张 X 线片上拍摄到整个腹部，要对前腹部和后腹部分别进行投照。前腹部投照通常需要调整曝光条件，避免过度曝光。

有时，须在动物禁食 12 小时后才能进行 X 线摄影，某些禁止进食的疾病除外。必要时，可在拍片前 3 ~ 4 小时给予泻药或灌肠，清除肠道内的粪便，这可使腹腔内器官结构看得更加清楚。

以下几页说明了腹部 X 线片的正确摆位和投照技术。

腹部侧位投照

摆位：

- 右侧卧。
- 双前肢前拉，双后肢后拉。
- 使用泡沫垫，维持胸骨与脊柱在同一水平面。
- 两侧膝关节之间放置泡沫垫使其平行。

投照中心：

- 最后肋骨后侧。

投照范围：

- 前缘：肩胛骨后缘与剑状软骨之间的中点。
- 背侧缘：脊柱棘突。
- 腹侧缘：胸骨。

标记：

- R 或 L 标记放置在投照区域内腹股沟区。
- 标记放置在投照区域内的后部区域。

测厚：

- 测量最高处厚度（通常在最后肋骨处）。

备注：

- 投照区域不能超过背侧棘突，后缘必须包括股骨大转子的前缘。如果动物体型太大，不能在一张片子上拍摄到整个腹部，必须拍摄 2 张 X 线片分别评估前腹部和后腹部。
- 后肢后拉，避免与腹部肌肉重叠，但必须要防止因过度伸展而导致腹部器官的能见度降低。
- 也可使用站立或卧位的侧位投照（图 2-11 和图 2-12）。

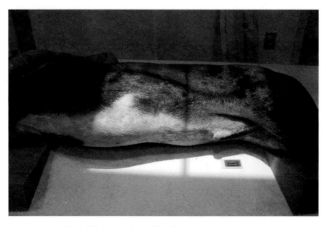

图 3-1　腹部侧位投照的正确摆位

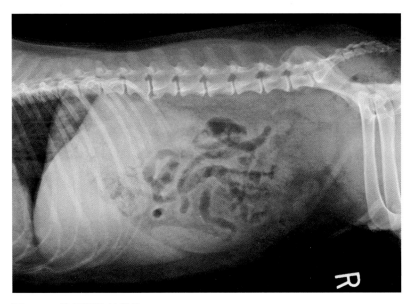

图 3-2　腹部侧位 X 线片

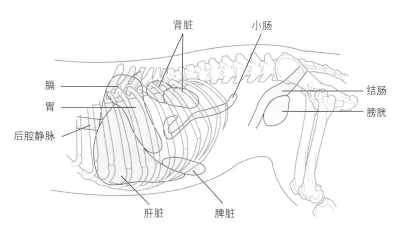

图 3-3　解剖结构和标志：膈、胃、后腔静脉、肝脏、脾脏、肾脏、小肠、结肠和膀胱

腹部腹背位投照

摆位：

- 动物仰卧。
- 双前肢前拉，鼻子位于前肢之间。
- 双后肢后拉。
- 使用 V 形槽保持胸骨和脊柱在同一垂直面上重叠。

投照中心：

- 最后肋骨内侧面与胸骨的交点为中心。

投照范围：

- 前缘：肩胛骨后缘与剑状软骨之间的中点。
- 外侧缘：V 形槽内的腹壁。

标记：

- R 或 L 标记放置在投照区域内的 V 形槽内。
- 标记放置在投照区域内的后部区域。

测厚：

- 测量最高处的厚度（通常在最后肋骨处）。

备注：

- 可能需要在体壁外侧放置泡沫垫，避免身体旋转，维持胸骨和脊柱重叠。
- V 形槽的边缘必须在投照区域之外。
- 也可使用水平 X 线进行腹背位投照（图 2-5）。

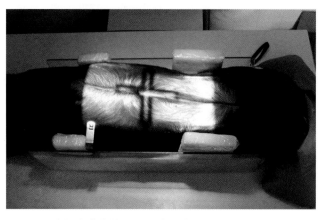

图 3-4　腹部腹背位投照的正确摆位

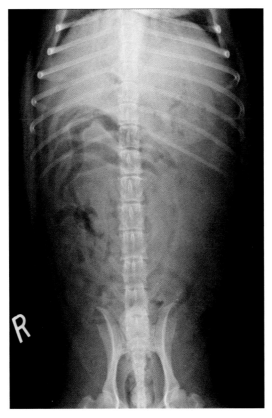

图 3-5　腹部腹背位 X 线片

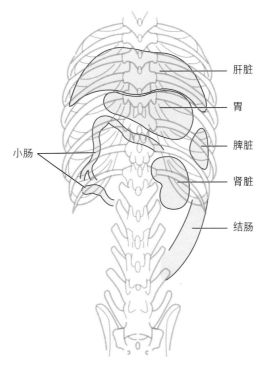

图 3-6　解剖结构和标志：小肠、肝脏、胃、脾脏、肾脏和结肠

第 4 章

骨盆 X 线摄影

概述

骨盆 X 线摄影主要用于评估组成髋关节的骨骼与关节。对于疑似髋关节发育不良的患病动物，可采用多种特定的摆位方法。其中最常见的是美国动物矫形基金会用于髋关节认证的髋关节伸展腹背位。具体的摆位方法和投照要求请向该基金会咨询。有些医生使用 PennHIP 法诊断髋关节发育不良。这一操作方法需要专门的设备，并且只能由经过特殊培训和认证的人员完成。

对于所有的骨盆投照，髋关节和荐髂关节应该都是双侧对称的。除了伸展腹背位之外，骨盆其他常用的投照体位包括蛙式腹背位和侧位。

以下几页说明了骨盆 X 线片的正确摆位和投照技术。

髋关节伸展腹背位投照

摆位：

- 动物仰卧。
- 双前肢平行前拉，鼻子位于两前肢之间。
- 双后肢平行后拉至完全伸展。
- V 形槽及泡沫垫放在体壁外侧，使胸骨与脊柱重叠。
- 股骨内旋，使其相互平行且与摄影床平行，髌骨位于股骨滑车沟正上方，用胶带固定在适当位置。
- 尾巴与脊柱呈一条直线。

投照中心：

- 左右两侧坐骨结节连线的中点。

投照范围：

- 前缘：髂骨翼至髌骨远端。
- 外侧缘：坐骨外侧。

标记：

- R 或 L 标记放置在投照区域内，并远离骨骼区域。
- 尾部区域放置详细的永久性标记，内容应包括美国犬业俱乐部登记的名字、编号或病例号、医院或兽医师姓名以及拍摄 X 线片的时间。

测厚：

- 测量骨盆最厚处。

备注：

- 双后肢必须均匀伸展，使两侧趾骨均处于同一平面。
- 可使用一条长胶带来旋转股骨，将胶带黏性面朝上放在膝关节下方，不要包住尾巴。分别向摄影床的对侧牵拉胶带的末端，使股骨内旋。用沙袋将胶带的两端固定住，并使用沙袋给胶带施加额外的拉力。

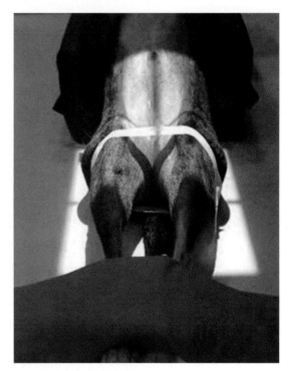

图 4-1 髋关节伸展腹背位的正确摆位

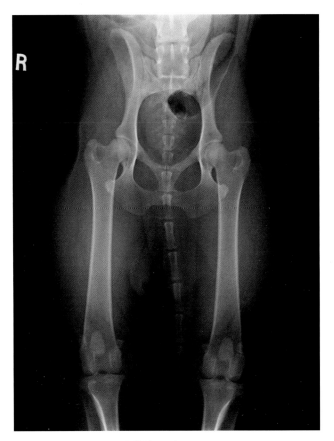

图 4-2 髋关节伸展腹背位 X 线片

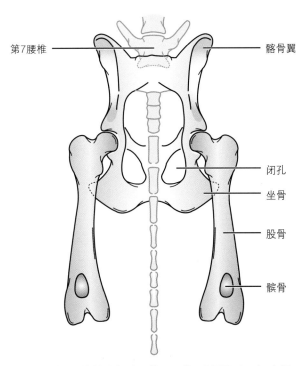

图 4-3 解剖结构和标志：第 7 腰椎、髂骨翼、闭孔、坐骨、股骨和髌骨

髋关节蛙式腹背位投照

摆位：

- 动物仰卧。
- 双前肢前拉。
- 双后肢自然屈曲；大多数正常动物，自然状态下股骨与脊柱成大约 45° 角。某些大型犬，自然状态下股骨可能与脊柱成 90° 角。
- 使用 V 形槽，并将泡沫垫放在体壁外侧，使胸骨和脊柱重叠。

投照中心：

- 左右两侧坐骨结节连线的中点。

投照范围：

- 前缘：髂骨翼至坐骨后缘。
- 外侧缘：包含股骨近端 1/3。

标记：

- R 或 L 标记放置在投照区域内并远离骨骼区域。
- 标记放置在后部区域。

测厚：

- 测量骨盆最厚处厚度。

备注：

- 在投照区域之外，可以在跗关节上放置沙袋，用于保持对称性。

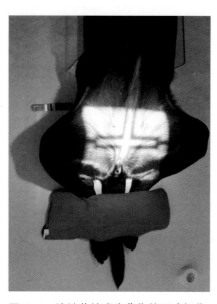

图 4-4　髋关节蛙式腹背位的正确摆位

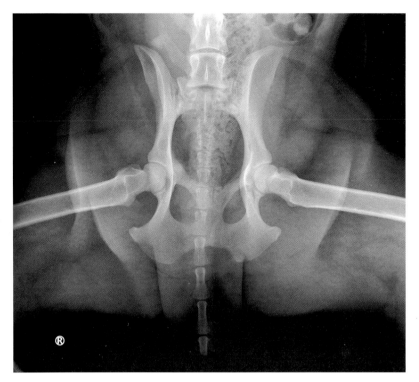

图 4-5　髋关节蛙式腹背位 X 线片

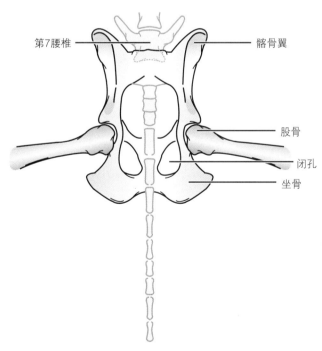

图 4-6　解剖结构和标志：第 7 腰椎、髂骨翼、股骨、闭孔和坐骨

骨盆侧位投照

摆位：

- 动物右侧卧或左侧卧（检查部位贴近片盒）。
- 双后肢之间放置泡沫楔，使两侧骨盆重叠。
- 下面的肢体前拉，上面的肢体后拉（呈剪刀姿势）。

投照中心：

- 股骨大转子。

投照范围：

- 髂骨翼至坐骨后缘。
- 背侧缘：髂骨翼背侧。

标记：

- R 或 L 标记用于提示最贴近片盒的肢体。
- 将标记放置在投照区域内的右前区或左后区，避免与骨骼重叠。

测厚：

- 测量股骨大转子水平最高处厚度。

备注：

- 远离片盒的肢体将会被放大。

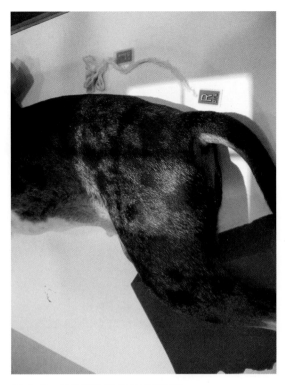

图 4-7　骨盆侧位投照的正确摆位

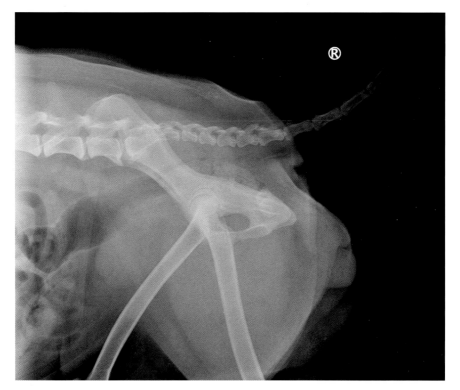

图 4-8　骨盆侧位 X 线片

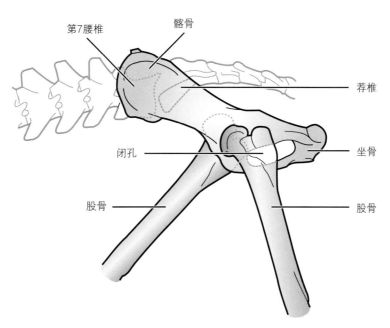

图 4-9　解剖结构和标志：第 7 腰椎、闭孔、股骨、髂骨、荐椎和坐骨

第 5 章
前肢 X 线摄影

概述

前肢连带前胸部的 X 线摄影常用于检查骨折。摆位时要仔细，使肢体与 X 线片盒平行，避免影像的放大和失真。正常情况下，犬和猫肢体的厚度相对较小，所以 X 线片盒常放在摄影床上面，而不是下面。长骨 X 线摄影的投照范围应包括长骨上、下的关节。关节的 X 线摄影通常包括关节近端和远端各约 1/3 的长骨。X 线束应缩小到能够包括所有必要结构在内的大小。这既可减少散射线，也可提高图像质量。当患病动物有疼痛表现时，可使用水平 X 线投照来减少肢体操作。将肢体用泡沫垫支撑，X 线片盒垂直于摄影床放置，进行水平 X 线投照。

前肢 X 线摄影包括肩胛骨、肱骨、肩关节、肘关节、桡骨和尺骨的侧位和后前位（CdCr）投照。腕关节、掌骨和指骨通常采用背掌位和侧位投照。腕关节也常采用斜位投照，肘关节和腕关节也常采用屈曲位投照。

肩关节后前位投照

摆位：

- 动物在 V 形槽内仰卧，患肢在下。
- 使用胶带向前牵拉双前肢。
- 头推向外侧，远离患肢，避免颈椎与关节重叠。

投照中心：

- 触诊肱骨头近端和肩臼，以此作为投照中心。

投照范围：

- 包括肩胛骨远端 1/3 和肱骨近端 1/3。

标记：

- 关节外侧。

测厚：

- 测量肩关节处厚度。

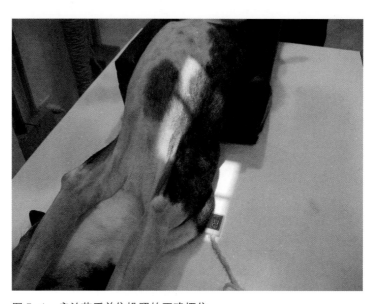

图 5-1 肩关节后前位投照的正确摆位

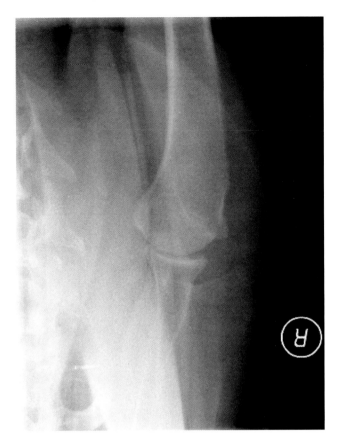

图 5-2 肩关节后前位 X 线片

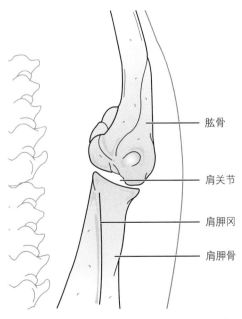

图 5-3 解剖结构和标志：肱骨、肩关节、
肩胛冈和肩胛骨

肩关节侧位投照

摆位：

- 动物侧卧，患肢在下。
- 患肢前拉。
- 对侧肢后拉，以避免重叠。
- 头移向背侧，以避免气管与关节重叠。
- 可使用沙袋固定头部。

投照中心：

- 触诊肱骨头近端和肩臼。
- 小型犬的投照中心在肢体前缘向后 1 英寸（2.5cm）处；大型犬投照中心在肢体前缘向后 2 英寸（5cm）处。

投照范围：

- 包括肩胛骨远端 1/3 和肱骨近端 1/3，向后拉的对侧肢在投照范围外。

标记：

- 关节前方。

测厚：

- 测量肩关节处厚度，注意不要量到对侧肢的厚度。

图 5-4　肩关节侧位投照的正确摆位

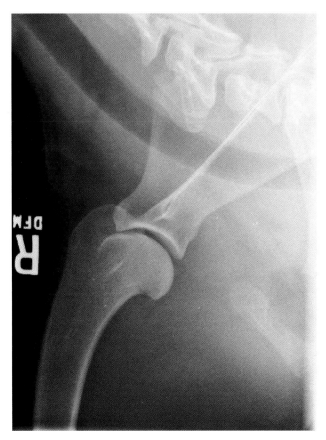

图 5-5　肩关节侧位 X 线片

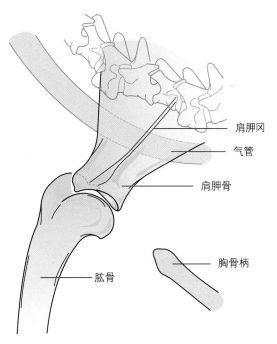

图 5-6　解剖结构和标志：肩胛冈、气管、肩胛骨、
胸骨柄和肱骨

肩胛骨后前位投照

摆位：

- 动物仰卧。
- 使用 V 形槽固定身体，胸部前半部分在 V 形槽外。
- 双前肢分别前拉。
- 头与脊柱拉直。
- 后肢后拉，稳定身体。

投照中心：

- 肩胛骨中心。

投照范围：

- 外侧到体壁，内侧到脊柱。
- 包括肩关节和肩胛骨后缘。

标记：

- 肩胛骨外侧。

测厚：

- 测量肩胛骨前缘处的厚度。

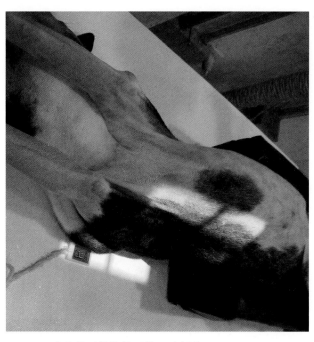

图 5-7　肩胛骨后前位投照的正确摆位

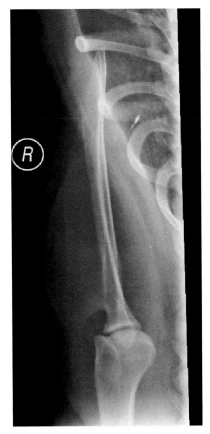

图 5-8 肩胛骨后前位 X 线片

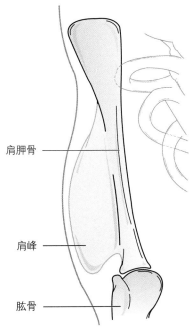

图 5-9 解剖结构和标志：肩胛骨、肩峰和肱骨

肩胛骨侧位投照

摆位：

- 动物侧卧，患肢在上。
- 健肢前拉。
- 患肢向背侧推至胸椎的上方，并用沙袋固定。
- 必要时，头颈向下弯曲，用沙袋固定。

投照中心：

- 肩胛骨的中心。

投照范围：

- 肩关节近端至肩胛骨后缘。

标记：

- 标记放置在背侧缘，用于标记患肢。

测厚：

- 测量摄影床面至肩胛骨的高度。

备注：

- 肩胛骨可能与背侧棘突重叠。肩胛骨侧位投照时也可使患肢在下。
- 将患肢推向背侧并用沙袋固定。
- 头向腹侧弯曲，避免与颈椎重叠。
- 牵拉出健肢并远离身体，肢体与摄影床平行，然后尽可能向前牵拉健肢避免重叠。
- 肩胛骨是重叠在气体密度胸部内的骨性密度。使用胸部曝光条件可能不足，使用骨骼曝光条件可能太黑，所以要使用腹部曝光技术表。

图 5-10　肩胛骨侧位投照的正确摆位

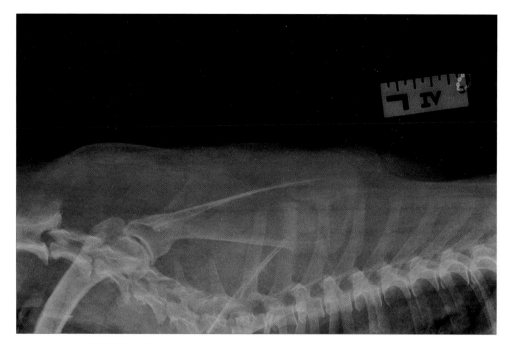

图 5-11　肩胛骨侧位 X 线片

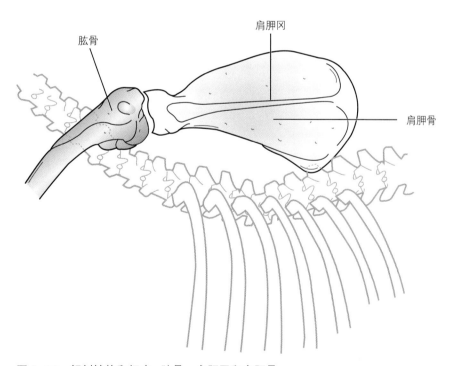

图 5-12　解剖结构和标志：肱骨、肩胛冈和肩胛骨

肱骨后前位投照

摆位：

- 动物仰卧。
- 双前肢分别前拉。
- 必要时，在肘关节处用胶带将前肢固定，使肱骨平行并拉直。

投照中心：

- 肱骨中段。

投照范围：

- 肩关节近端至肘关节远端。

标记：

- 患肢外侧。

测厚：

- 测量摄影床至肱骨中段的高度。

备注：

- 患有严重变性关节病的动物可能忍受不了这个摆位。
- 另一种摆位方法是将肱骨向后拉，图像是前后位投照（图 5-14、图 5-17 和图 5-18）。但可能需要另一侧肩关节后前位投照进行对照。

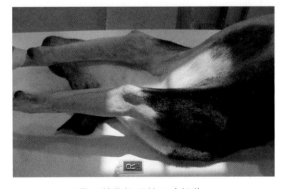

图 5-13　肱骨后前位投照的正确摆位

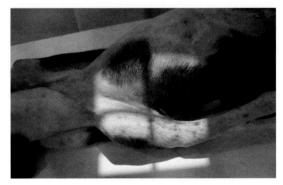

图 5-14　肱骨前后位投照的正确摆位

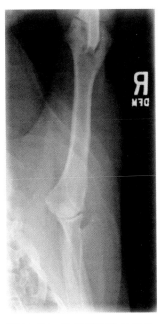

图 5-15　肱骨后前位 X 线片

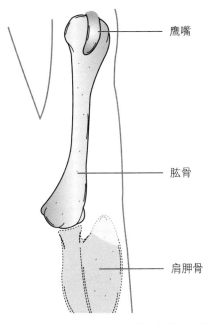

图 5-16　解剖结构和标志：鹰嘴、肱骨和肩胛骨

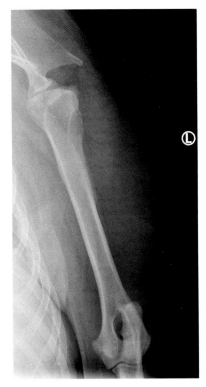

图 5-17　肱骨前后位 X 线片

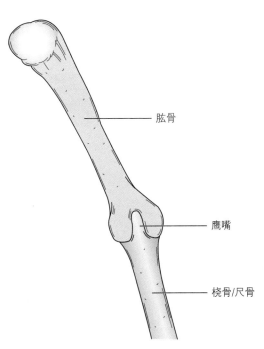

图 5-18　解剖结构和标志：肱骨、鹰嘴和桡骨 / 尺骨

肱骨侧位投照

摆位：

- 动物侧卧，患肢在下。
- 患肢向前向下伸展。
- 头颈向背侧伸展，必要时用沙袋固定。
- 上方的健肢后拉，使肩关节远离患肢。

投照中心：

- 肱骨中段。

投照范围：

- 肩关节近端至肘关节远端。

标记：

- 关节前方。

测厚：

- 测量肱骨中段偏向近端的厚度。

备注：

- 由于大型犬肘关节和肩关节的厚度差异较大，可能需要两张 X 线片分别投照。分别测量每一段最厚处的厚度。

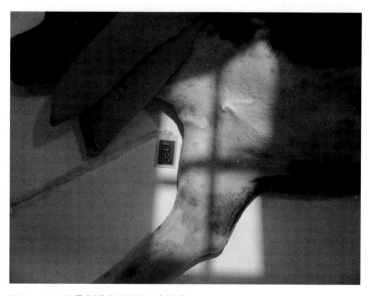

图 5-19　肱骨侧位投照的正确摆位

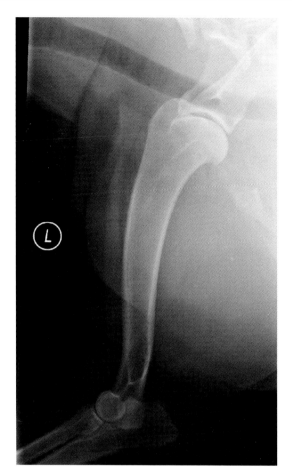

图 5-20　肱骨侧位 X 线片

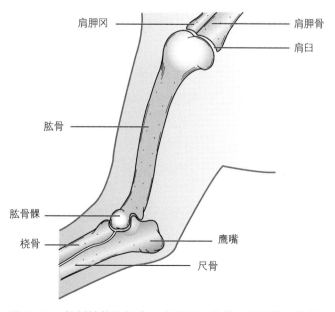

图 5-21　解剖结构和标志：肩胛冈、肱骨、肱骨髁、桡骨、
肩胛骨、肩臼、鹰嘴和尺骨

肘关节前后位投照

摆位：

- 动物俯卧。
- 双前肢分别前拉。
- 头部移向患肢对侧，并用胶带或沙袋固定。
- V 形槽有助于固定身体的后半部分。
- 后肢后拉可能有助于保持脊柱呈一条直线。

投照中心：

- 触摸并对准肱骨髁。

投照范围：

- 肱骨远端 1/3 至桡尺骨近端 1/3。

标记：

- 患肢外侧。

测厚：

- 测量关节中心最厚处的厚度。

备注：

- 可以将患肢牵拉离开身体，用海绵垫支撑，进行水平 X 线投照（图 5-25 和图 5-26）。投照中心在关节处，与俯卧投照时一致。用胶带或沙袋固定片盒。
- 评估肱骨内侧髁分离性骨软骨病（OCD）时，需要使用肘关节内旋倾斜 10°～15° 的前后位投照。

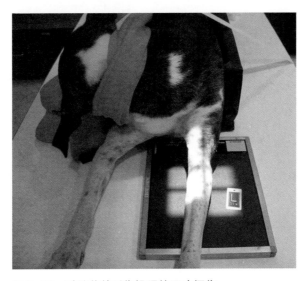

图 5-22　肘关节前后位投照的正确摆位

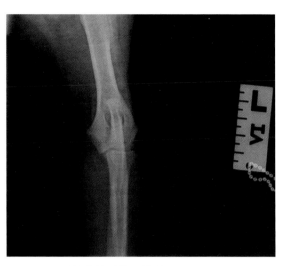

图 5-23　肘关节前后位 X 线片

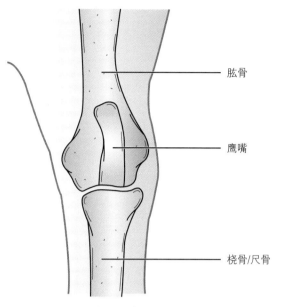

图 5-24　解剖结构和标志：肱骨、鹰嘴和桡骨 / 尺骨

肱骨

鹰嘴

桡骨/尺骨

图 5-25　肘关节前后位水平 X 线投照的正确摆位

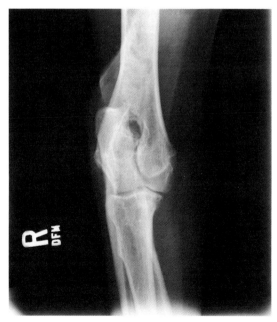

图 5-26　肘关节前后位水平 X 线投照 X 线片

肘关节侧位投照

摆位：

- 动物侧卧，患肢在下。
- 患肢前拉。
- 健肢向后背侧牵拉。

投照中心：

- 触摸并对准肱骨髁。

投照范围：

- 从肱骨远端 1/3 至桡尺骨近端 1/3。

标记：

- 关节前方。

测厚：

- 测量关节最厚处厚度。

备注：

- 可能需要在肩关节背侧下方放置海绵垫，辅助动物侧躺。
- 评估肘关节发育不良时，使用肘关节外旋倾斜 10°~15° 的前后位投照。

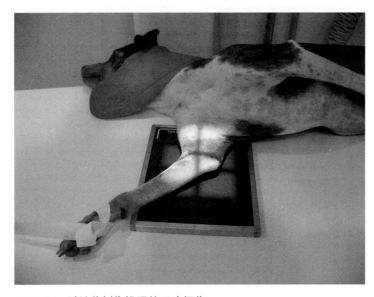

图 5-27　肘关节侧位投照的正确摆位

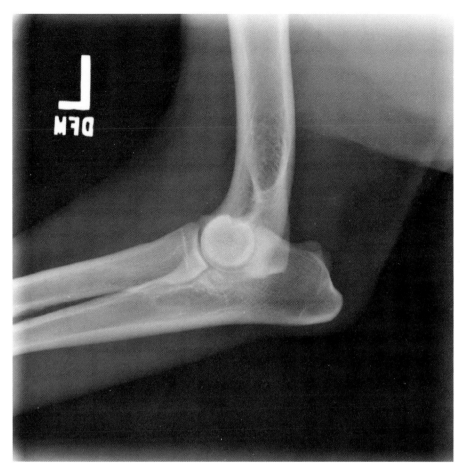

图 5-28　肘关节侧位 X 线片

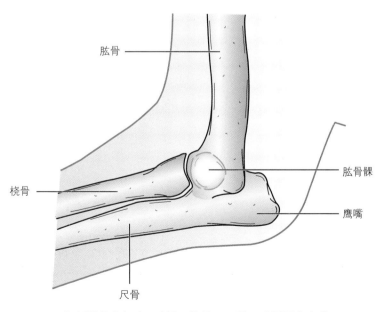

图 5-29　解剖结构和标志：肱骨、桡骨、尺骨、肱骨髁和鹰嘴

肘关节屈曲侧位投照

摆位：

- 动物侧卧，患肢在下。
- 患肢向背侧弯曲。
- 将爪部置于头部腹侧，并用沙袋或胶带固定。
- 在肩关节下方放置海绵垫，防止肘关节屈曲时向内侧移动。

投照中心：

- 触摸并对准肱骨髁。

投照范围：

- 对准关节，包括肱骨远端 1/3 至桡尺骨近端 1/3。

标记：

- 置于患肢前方。

测厚：

- 测量肘关节最厚处厚度。屈曲位通常比非屈曲侧位测得的厚度更大。

备注：

- 这一体位通常用于疑似肘关节发育不良的年轻患病动物，如冠状突碎裂、肘突不闭合和骨软骨病。美国动物矫形基金会认为应该用屈曲内外侧位。

图 5-30　肘关节屈曲侧位投照的正确摆位

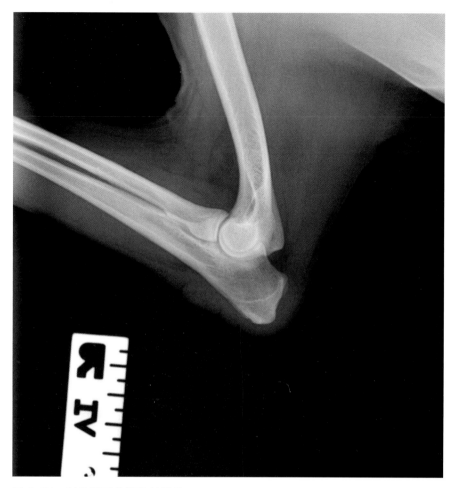

图 5-31 肘关节屈曲侧位 X 线片

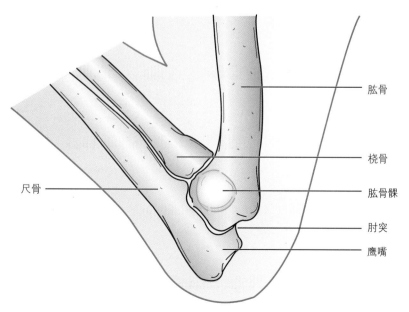

图 5-32 解剖结构和标志：尺骨、肱骨、桡骨、肱骨髁、肘突和鹰嘴

桡尺骨前后位投照

摆位：

- 动物俯卧。
- 双前肢分别前拉。
- 头部移向患肢对侧，并用胶带或沙袋固定。
- V 形槽有助于固定身体的后半部分。
- 后肢后拉可能有助于保持脊柱呈一条直线。

投照中心：

- 桡尺骨中部。

投照范围：

- 从肘关节近端至腕关节远端。

标记：

- 桡尺骨外侧。

测厚：

- 测量桡尺骨中部的厚度。

备注：

- 将患肢放在海绵垫上、笔直伸展并远离身体，射线从前侧进入、从后侧穿出，即可完成水平 X 线投照（图 5-36）。调整 X 线束，中心对准关节，动物侧卧。

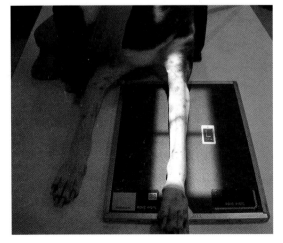

图 5-33 桡尺骨前后位投照的正确摆位

图 5-34 桡尺骨前后位水平 X 线投照的正确摆位

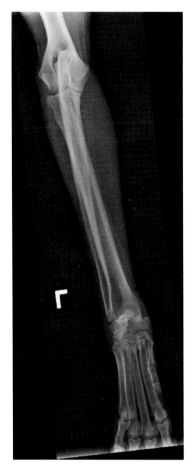

图 5-35　桡尺骨前后位 X 线片

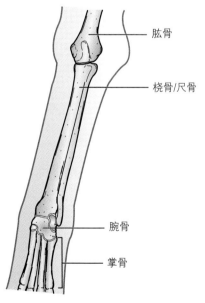

图 5-36　解剖结构和标志：肱骨、桡骨 / 尺骨、腕骨和掌骨

桡尺骨侧位投照

摆位：

- 动物侧卧，患肢在下。
- 健肢向后背侧牵拉。

投照中心：

- 桡尺骨中部。

投照范围：

- 从肘关节近端至腕关节远端。

标记：

- 桡尺骨前侧。

测厚：

- 测量桡尺骨中部的厚度。

备注：

- 如果使用的是固定的摄影床，患肢可以直接前拉。桡尺骨侧位投照允许肘关节呈屈曲状态。

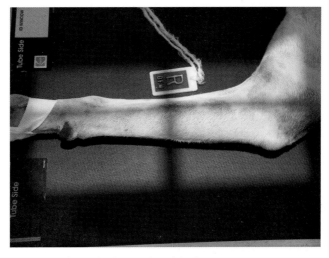

图 5-37　桡尺骨侧位投照的正确摆位

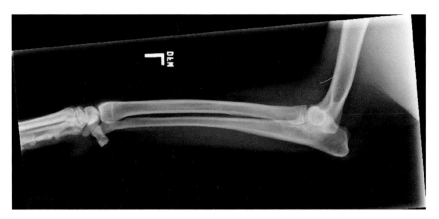

图 5-38　桡尺骨侧位 X 线片

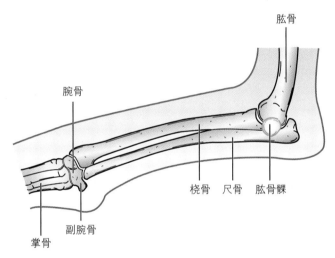

图 5-39　解剖结构和标志：腕骨、肱骨、掌骨、副腕骨、桡骨、尺骨和肱骨髁

腕关节背掌位投照

摆位：

- 动物俯卧。
- 双前肢分别前拉。
- 患肢肘关节轻微外展，摆正腕关节。
- 头部移向患肢对侧，并用胶带或沙袋固定。
- V 形槽有助于固定身体的后半部分。

投照中心：

- 腕关节。

投照范围：

- 从桡尺骨远端 1/3 至掌骨近端 1/3。也可包括所有指骨。

标记：

- 腕关节外侧。

测厚：

- 测量腕关节处的厚度。

备注：

- 也可使用水平 X 线投照。将患肢放在海绵垫上、笔直伸展并远离身体。调整 X 线束，中心对准关节，动物侧卧。

图 5-40 腕关节背掌位投照的正确摆位

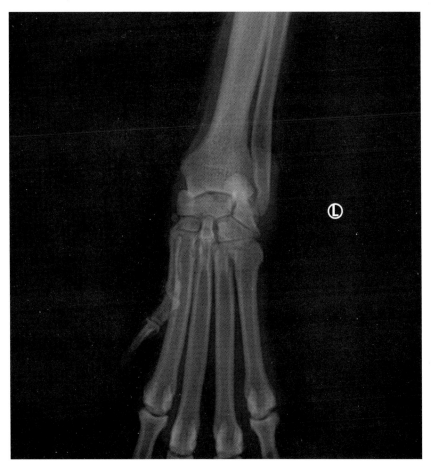

图 5-41 腕关节背掌位 X 线片

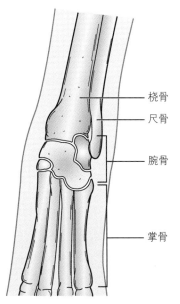

图 5-42 解剖结构和标志：桡骨、
尺骨、腕骨和掌骨

腕关节侧位投照

摆位：

- 动物侧卧，患肢在下。
- 患肢处于自然伸展状态。
- 在肘关节下方放置海绵垫，使肢体水平，并辅助腕关节摆位。

投照中心：

- 腕关节。

投照范围：

- 从桡尺骨远端 1/3 至掌骨近端 1/3。也可包括所有指骨。

标记：

- 腕关节外侧。

测厚：

- 测量腕关节处厚度。

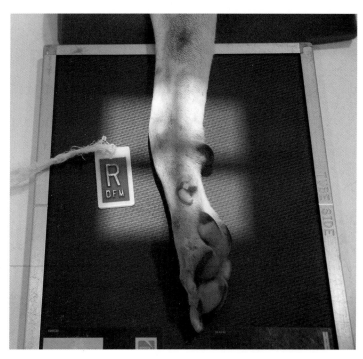

图 5-43　腕关节侧位投照的正确摆位

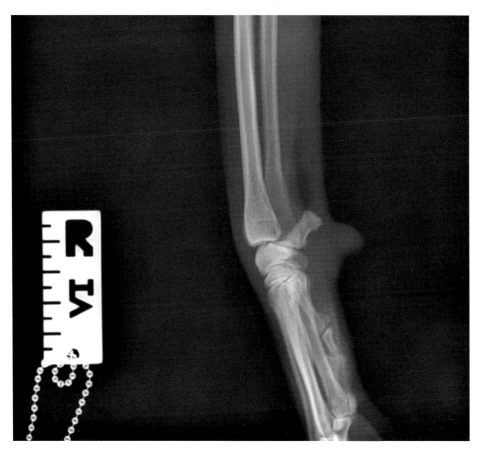

图 5-44　腕关节侧位 X 线片

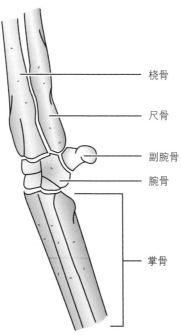

图 5-45　解剖结构和标志：桡骨、
尺骨、副腕骨、腕骨和掌骨

桡骨

尺骨

副腕骨

腕骨

掌骨

腕关节屈曲侧位投照

摆位：

- 动物侧卧，患肢在下，自然伸展。
- 通过向后朝向桡尺骨弯曲指部屈曲腕关节。
- 在掌骨和桡尺骨周围用胶带以 8 字形方式保持腕关节屈曲。
- 在肘关节下方放置海绵垫，辅助维持摆位。

投照中心：

- 腕关节。

投照范围：

- 从桡尺骨远端 1/3 至掌骨近端 1/3。也可包括所有指骨。

标记：

- 屈曲关节的前侧。

测厚：

- 测量屈曲关节最厚处厚度。

备注：

- 可能需要在肩关节背侧下方放置海绵垫，辅助维持屈曲的腕关节摆位。

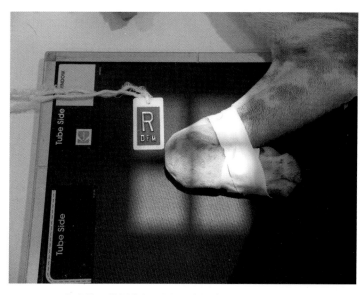

图 5-46　腕关节屈曲侧位投照的正确摆位

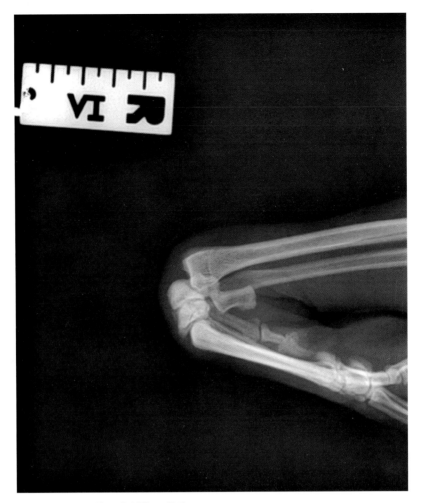

图 5-47　腕关节屈曲侧位 X 线片

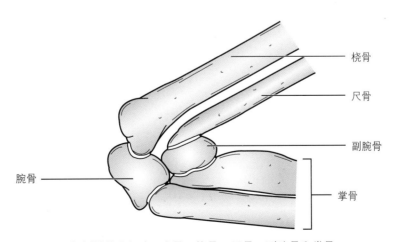

图 5-48　解剖结构和标志：腕骨、桡骨、尺骨、副腕骨和掌骨

腕关节伸展侧位投照

摆位：

- 动物侧卧，患肢在下，自然伸展。
- 通过向前弯曲指部，伸展腕关节。
- 在掌骨和桡尺骨周围用胶带以 8 字形方式保持腕关节伸展。
- 在肘关节下方放置海绵垫，辅助维持摆位。

投照中心：

- 腕关节。

投照范围：

- 从桡尺骨远端 1/3 至掌骨近端 1/3。也可包括所有指骨。

标记：

- 腕关节前侧。

测厚：

- 测量腕关节最厚处厚度。

备注：

- 可能需要在肩关节背侧下方放置海绵垫，用于辅助维持伸展的腕关节摆位。

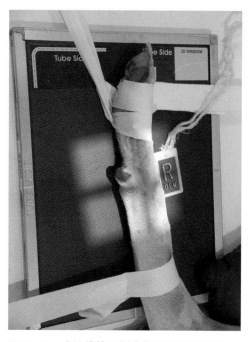

图 5-49　腕关节伸展侧位投照的正确摆位

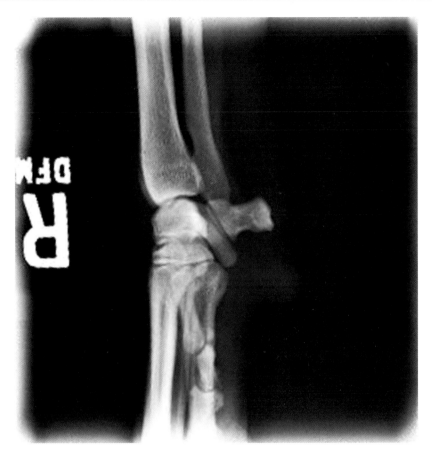

图 5-50　腕关节伸展侧位 X 线片

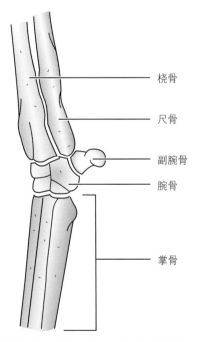

图 5-51　解剖结构和标志：桡骨、尺骨、副腕骨、腕骨和掌骨

腕关节外侧斜位和内侧斜位投照

摆位：

- 动物俯卧（从关节背侧进行斜位投照）。
- 双前肢分别前拉。
- 头部移向患肢对侧，并用胶带或沙袋固定。
- V 形槽有助于固定身体的后半部分。
- 后肢后拉可能有助于保持脊柱呈一条直线。
- 外侧斜位：肘关节转向内侧，并用胶带或沙袋固定。
- 内侧斜位：肘关节转向外侧，并用胶带或沙袋固定。

投照中心：

- 腕关节。

投照范围：

- 从桡尺骨远端 1/3 至掌骨近端 1/3。

标记：

- 外侧斜位和内侧斜位的标记均放置在肢体的外侧。

测厚：

- 测量腕关节处厚度。
- 两个体位测量的厚度应一致。

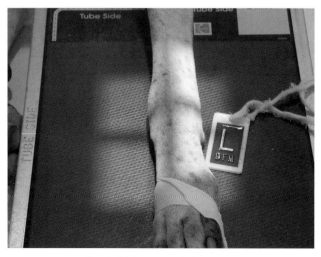

图 5-52 腕关节外侧斜位和内侧斜位投照的正确摆位

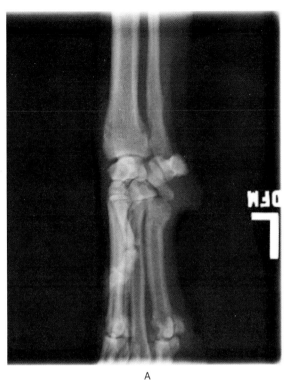 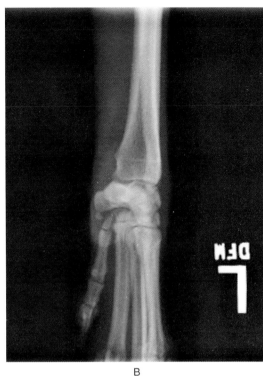

图 5-53　腕关节外侧斜位和内侧斜位 X 线片

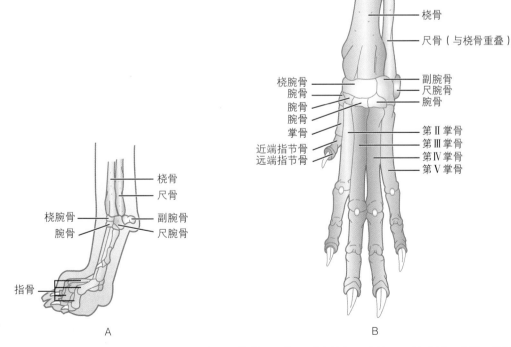

图 5-54　解剖结构和标志：A. 桡腕骨、腕骨、指骨、桡骨、尺骨、副腕骨和尺腕骨。B. 桡腕骨、腕骨、掌骨、近端指节骨、远端指节骨、桡骨、尺骨（与桡骨重叠）、副腕骨、尺腕骨、第Ⅱ掌骨、第Ⅲ掌骨、第Ⅳ掌骨和第Ⅴ掌骨

掌骨背掌位投照

摆位：

- 动物俯卧。
- 双前肢分别前拉。
- 患肢肘关节轻微外展，摆正腕关节。
- 头部移向患肢对侧，并用胶带或沙袋固定。
- V 形槽有助于固定身体的后半部分。

投照中心：

- 腕骨和指骨的中央。

投照范围：

- 从桡尺骨远端 1/3 至指部近端 1/3。

标记：

- 掌骨外侧缘。

测厚：

- 腕骨和指骨的中央处厚度。

备注：

- 可以将患肢放在海绵垫上、笔直伸展并远离身体来完成水平 X 线投照。调整 X 线束，中心对准关节，动物侧卧。通常在一张 X 线片上投照掌骨和指骨。

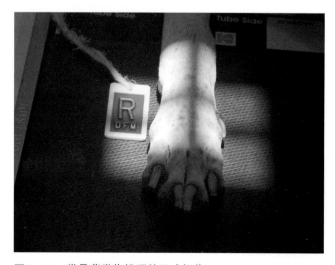

图 5-55　掌骨背掌位投照的正确摆位

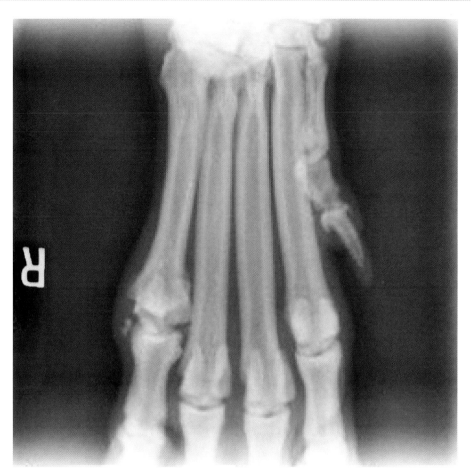

图 5-56　掌骨背掌位 X 线片

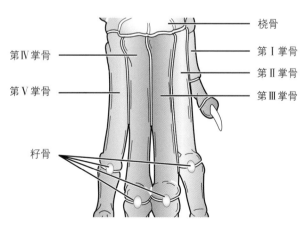

图 5-57　解剖结构和标志：第Ⅳ掌骨、第Ⅴ掌骨、籽骨、桡骨、第Ⅰ掌骨、第Ⅱ掌骨和第Ⅲ掌骨

掌骨侧位投照

摆位：

- 动物侧卧，患肢在下。
- 患肢处于自然伸展状态。
- 在肘关节下方放置海绵垫使肢体水平，并辅助掌骨侧位摆位。

投照中心：

- 腕骨和指骨连线的中央。

投照范围：

- 从桡尺骨远端 1/3 至指骨近端 1/3。

标记：

- 掌指骨关节背侧。

测厚：

- 腕骨和指骨连线的中央处厚度。

备注：

- 通常在一张 X 线片上投照掌骨和指骨。

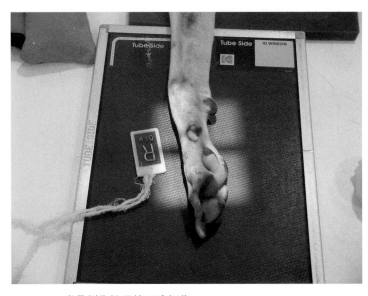

图 5-58　掌骨侧位投照的正确摆位

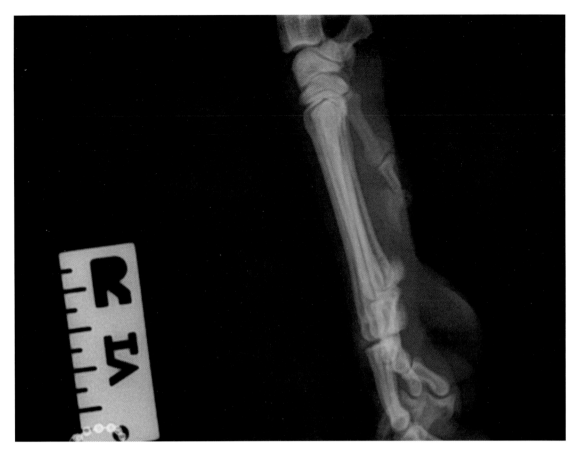

图 5-59 掌骨侧位 X 线片

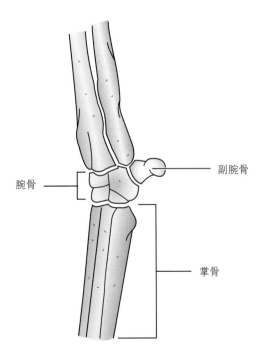

图 5-60 解剖结构和标志：腕骨、副腕骨和掌骨

指骨背掌位投照

摆位：

- 动物俯卧。
- 双前肢分别前拉。
- 分别用胶带固定内侧指（第 2 指）和外侧指（第 5 指），并向彼此对立侧牵拉，展开各指。或者，在每个指间放置棉球。
- 头部移向患肢对侧，并用胶带或沙袋固定。
- V 形槽有助于固定身体的后半部分。

投照中心：

- 指骨中央。

投照范围：

- 从掌骨近端至指骨末端。

标记：

- 指骨外侧。

测厚：

- 测量掌骨和指骨连线中点的厚度。

备注：

- 用胶带分开每个指更有助于显示每块儿指骨。如果患病动物没有指甲或非常短，直接用胶带固定指骨。通常在一张 X 线片上投照掌骨和指骨。也可使用水平 X 线投照。

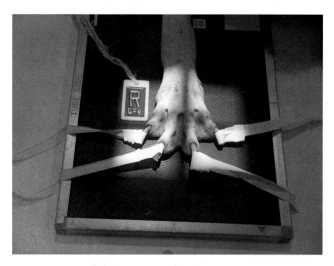

图 5-61　指骨背掌位投照的正确摆位

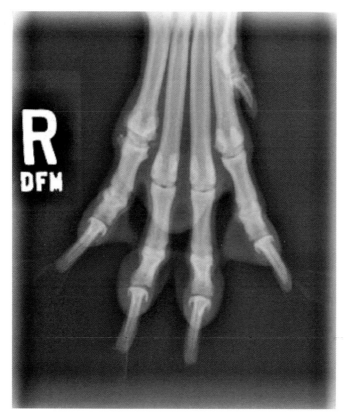

图 5-62　指骨背掌位 X 线片

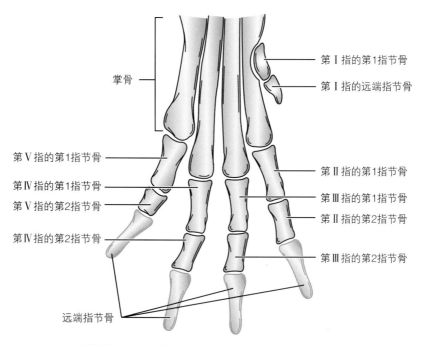

图 5-63　解剖结构和标志：掌骨、第 V 指的第 1 指节骨、第 IV 指的第 1 指节骨、
第 V 指的第 2 指节骨、第 IV 指的第 2 指节骨、远端指节骨、第 I 指的第 1 指节
骨、第 I 指的远端指节骨、第 II 指的第 1 指节骨、第 III 指的第 1 指节骨、第 II
指的第 2 指节骨和第 III 指的第 2 指节骨

指骨侧位投照

摆位：

- 动物侧卧，患肢在下。
- 患肢处于自然伸展状态。
- 在肘关节下方放置海绵垫使肢体水平，并辅助掌骨摆位。
- 分别用胶带固定外侧指（第Ⅴ指）和内侧指（第Ⅱ指），并向前牵拉外侧指，向后牵拉内侧指。

投照中心：

- 指骨中央。

投照范围：

- 从掌骨至指骨末端。

标记：

- 指（第5指）背外侧。

测厚：

- 测量掌骨和指骨连线中点的厚度。

备注：

- 用胶带分开每个指更有助于显示每块儿指骨。如果患病动物没有指甲或非常短，直接用胶带固定指骨。通常在一张X线片上投照掌骨和指骨。

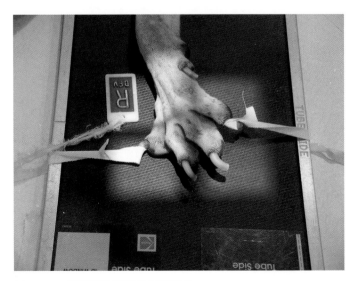

图 5-64　指骨侧位投照的正确摆位

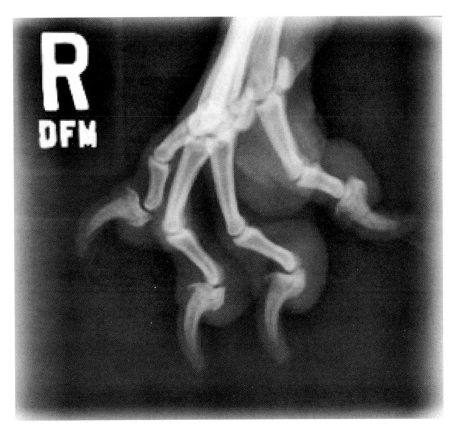

图 5-65　指骨侧位 X 线片

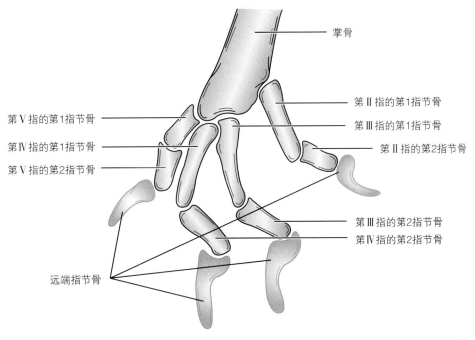

图 5-66　解剖结构和标志：第 V 指的第 1 指节骨、第 IV 指的第 1 指节骨、第 V 指的第 2 指节骨、远端指节骨、掌骨、第 II 指的第 1 指节骨、第 III 指的第 1 指节骨、第 II 指的第 2 指节骨、第 III 指的第 2 指节骨和第 IV 指的第 2 指节骨

第 6 章

后肢 X 线摄影

概述

后肢连带骨盆的 X 线摄影常用于检查骨折。摆位时要仔细，使肢体与 X 线片盒平行，避免影像的放大和失真。正常情况下，犬和猫肢体的厚度相对较小，所以 X 线片盒常放在摄影床上面，而不是下面。长骨 X 线摄影的投照范围应包括长骨上、下的关节。关节的 X 线摄影通常包括关节近端和远端各约 1/3 的长骨。X 线束应缩小到能够包括所有必要结构在内的大小。这既可减少散射线，也可提高图像质量。

当患病动物有疼痛表现时，可使用水平 X 线投照来减少移肢体操作。将肢体用泡沫垫支撑，X 线片盒垂直于摄影床放置，进行水平 X 线投照。

后肢 X 线摄影包括股骨、膝关节、胫骨和腓骨的侧位和后前位投照。跗关节、跖骨和趾骨通常采用背跖位和侧位投照。跗关节也常采用斜位投照，屈曲位和伸展位也是其常规检查体位。

股骨侧位投照

摆位：

- 动物侧卧，患肢在下。
- 用胶带固定健肢的膝关节和跗关节周围，使其外展，远离患肢的股骨头。

投照中心：

- 股骨中部，膝关节和髋关节连线的中央。

投照范围：

- 从健肢的坐骨开始。

标记：

- 患肢膝关节前侧。

测厚：

- 测量股骨中部的厚度。

备注：

- 从测量厚度方面来讲，股骨是一个比较复杂的骨骼，因为股骨头周围有较厚的肌肉，而股骨远端的膝关节处较薄。
- 摆位时，股骨头应靠近 X 线管的阴极端。
- 对于肌肉较多的犬，可能需要分别拍摄股骨两端的 X 线片。
- 另一种投照方法是在膝关节远端的上方放置液体包，模仿软组织，测量股骨头处的厚度。需要注意的是，会在 X 线片上见到液体包的边缘。

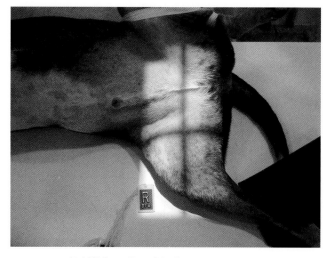

图 6-1 股骨侧位投照的正确摆位

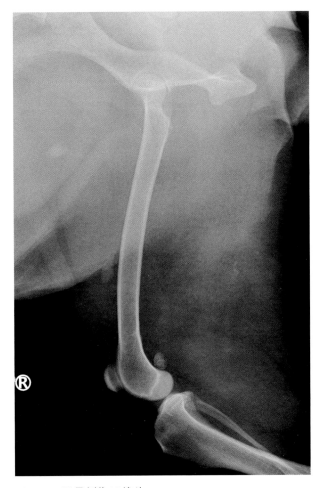

图6-2　股骨侧位Ｘ线片

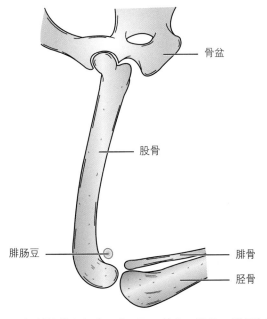

图6-3　解剖结构和标志：腓肠豆、骨盆、股骨、腓骨和胫骨

股骨前后位投照

摆位：

- 动物在 V 形槽内仰卧。
- 用胶带分别将肢体贴在摄影床上。
- 在膝关节近端的股骨周围用胶带固定，向后牵拉股骨，使髌骨位于股骨远端的正中。
- 在跗关节下方放置泡沫垫，避免膝关节的旋转。

投照中心：

- 股骨中段，在膝关节和髋关节连线的中点。

投照范围：

- 前缘：从大转子至胫骨近端 1/3。
- 外侧缘：从腹中线至体壁。

标记：

- 标记放置在身体近端或远端的外侧。

测厚：

- 测量股骨中段的厚度。

备注：

- 测量股部本身的厚度，不要压迫肌肉。测量时，注意不要包含股部与摄影床之间的空隙高度，因为这会导致 X 线片的过度曝光。

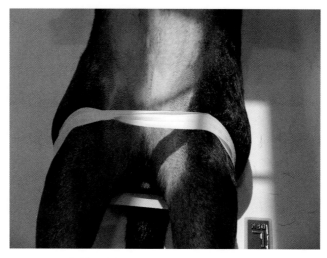

图 6-4　股骨前后位投照的正确摆位

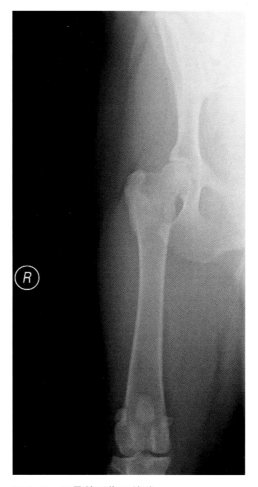

图 6-5　股骨前后位 X 线片

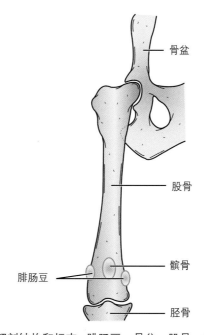

图 6-6　解剖结构和标志：腓肠豆、骨盆、股骨、髌骨和胫骨

膝关节后前位投照

摆位：

- 动物在 V 形槽内俯卧。
- 双后肢向后牵拉，在膝关节近端的股骨周围放置胶带，向后牵拉股骨，使髌骨位于股骨远端正中。
- 也可以将健肢向上屈曲靠近身体，这样患病动物会更舒服。

投照中心：

- 膝关节。

投照范围：

- 股骨远端 1/3 至胫骨近端 1/3。

标记：

- 将标记放置在膝关节外侧。

测厚：

- 测量膝关节中心的厚度。

备注：

- 最好将 X 线管向前倾斜 10°~15° 获得膝关节图像。
- 也可使用水平 X 线投照（图 6-8）。将患肢放在海绵垫上、笔直伸展并远离身体。调整 X 线束，中心对准关节，动物侧卧。

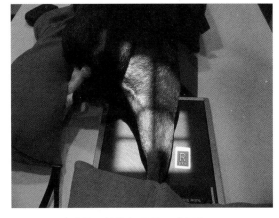

图 6-7　膝关节后前位投照的正确摆位　　图 6-8　膝关节后前位的水平 X 线投照

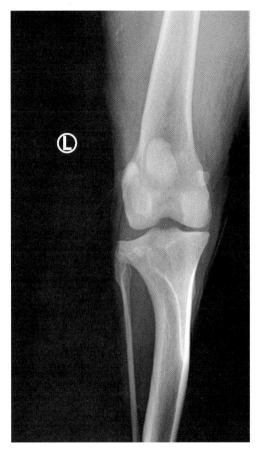

图 6-9　膝关节后前位 X 线片

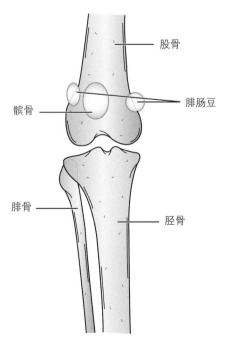

图 6-10　解剖结构和标志：髌骨、腓骨、股骨、腓肠豆和胫骨

膝关节侧位投照

摆位：

- 动物侧卧，患肢在下。
- 健肢膝关节和跗关节周围用胶带固定，牵开远离投照视野。

投照中心：

- 膝关节。

投照范围：

- 股骨远端 1/3 至胫骨近端 1/3。

标记：

- 标记放置在膝关节前侧。

测厚：

- 测量膝关节中心的厚度。触摸膝关节背侧的关节凹陷处（脂肪垫）。测量凹陷处厚度。

备注：

- 投照时包含膝关节后侧的软组织，使其近端至远端的筋膜面显影是很重要的。筋膜面缺失时，提示膝关节积液。

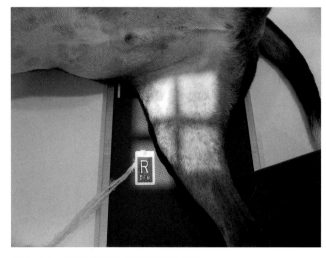

图 6-11　膝关节侧位投照的正确摆位

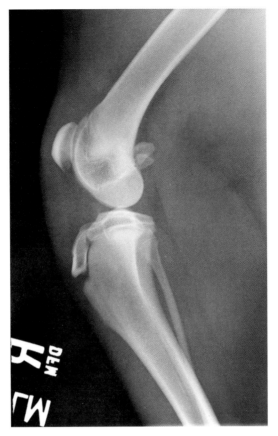

图 6-12　膝关节侧位 X 线片

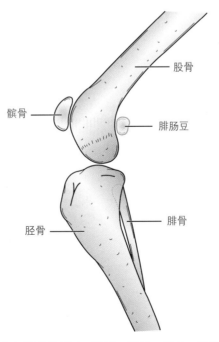

图 6-13　解剖结构和标志：髌骨、胫骨、股骨、腓肠豆和腓骨

胫腓骨后前位投照

摆位：

- 动物在 V 形槽内俯卧。
- 双后肢向后牵拉，在靠近膝关节近端的股骨周围放置胶带，向后牵拉股骨，使髌骨位于股骨远端正中。
- 也可以将健肢向上屈曲靠近身体，这样患病动物会更舒服。

投照中心：

- 胫骨中部，膝关节和跗关节连线的中点。

投照范围：

- 股骨远端 1/3 至跗骨近端 1/3。

标记：

- 将标记放置在胫骨外侧。

测厚：

- 测量胫骨中部的厚度。

备注：

- 也可使用水平 X 线投照（图 6-15）。将患肢放在海绵垫上、笔直伸展并远离身体。调整 X 线束，中心对准胫骨中部，动物侧卧。

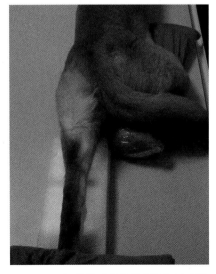

图 6-14　胫腓骨后前位投照的正确摆位

图 6-15　胫腓骨后前位的水平 X 线投照

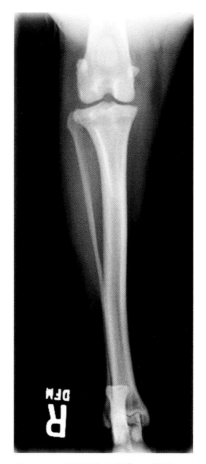

图 6-16　胫腓骨后前位 X 线片

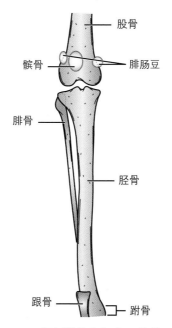

图 6-17　解剖结构和标志：髌骨、腓骨、跟骨、股骨、腓肠豆、胫骨和跗骨

胫骨侧位投照

摆位：

- 动物侧卧，患肢在下。
- 健肢膝关节和跗关节周围用胶带固定，使其外展并远离投照视野。

投照中心：

- 胫骨中部，膝关节和跗关节连线中点。

投照范围：

- 股骨远端 1/3 至跗骨近端 1/3。

标记：

- 标记放置在肢体前侧。

测厚：

- 测量胫骨中部的厚度。

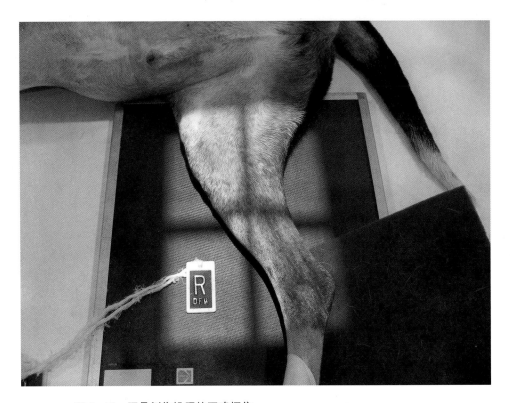

图 6-18　胫骨侧位投照的正确摆位

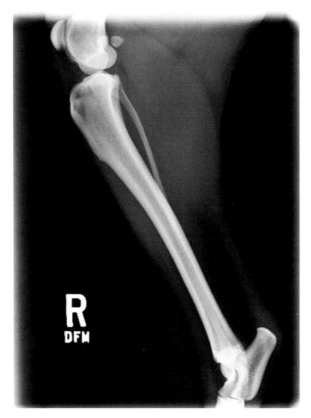

图 6-19　胫骨侧位 X 线片

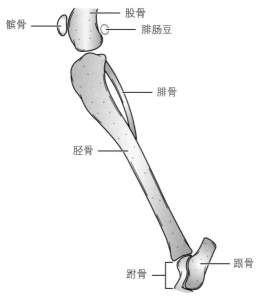

图 6-20　解剖结构和标志：髌骨、胫骨、跗骨、
股骨、腓肠豆、腓骨和跟骨

跗关节背跖位投照

摆位：

- 动物在 V 形槽内仰卧。
- 将海绵垫放在跗关节下方，使片盒贴近跗关节。
- 用胶带将患肢跗关节贴近摄影床。

投照中心：

- 投照中心对准跗关节，胫骨远端和跖骨近端中间。

投照范围：

- 胫骨远端 1/3 至跖骨近端 1/3。

标记：

- 标记放置在跗关节外侧。

测厚：

- 测量跗关节中心的厚度。

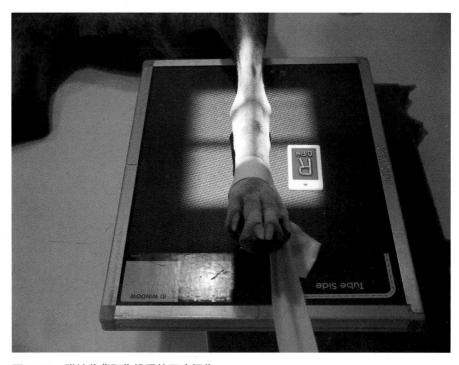

图 6-21　跗关节背跖位投照的正确摆位

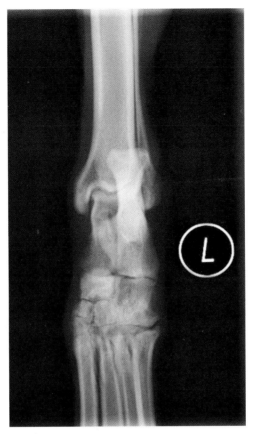

图 6-22　跗关节背跖位 X 线片

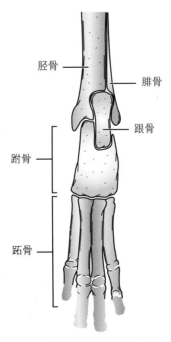

图 6-23　解剖结构和标志：胫骨、
跗骨、跖骨、腓骨和跟骨

跗关节侧位投照

摆位：

- 动物侧卧，患肢在下。
- 健肢膝关节和跗关节周围用胶带固定，并将其拉向背侧。

投照中心：

- 投照中心对准跗关节，胫骨远端和距骨近端中间。

投照范围：

- 胫骨远端 1/3 至距骨近端 1/3。

标记：

- 标记放置在跗关节前侧。

测厚：

- 测量跗关节中心的厚度。

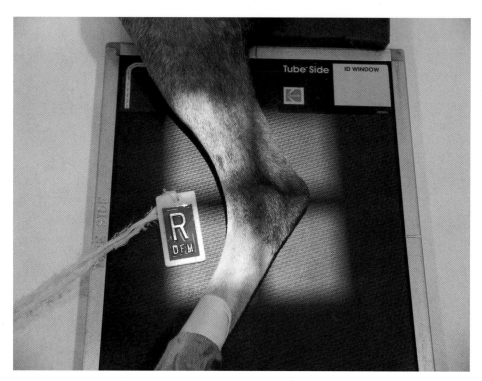

图 6-24　跗关节侧位投照的正确摆位

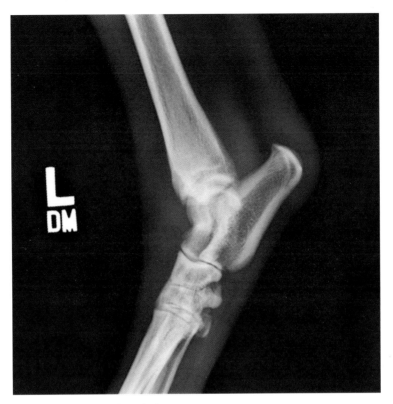

图 6-25　跗关节侧位 X 线片

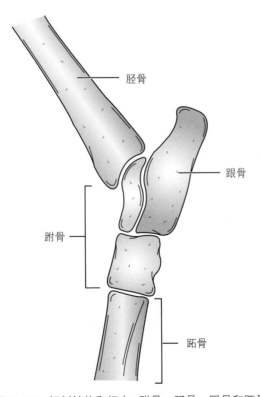

图 6-26　解剖结构和标志：跗骨、胫骨、跟骨和跖骨

跗关节屈曲侧位投照

摆位：

- 动物侧卧，患肢在下。
- 健肢膝关节和跗关节周围用胶带固定，并将其拉向背侧。
- 胫骨后侧和跖骨近端周围用胶带固定，使跗关节完全屈曲。

投照中心：

- 投照中心对准跗关节，膝关节和距骨之间。

投照范围：

- 从胫骨远端至跖骨近端。

标记：

- 标记放置在跗关节前侧。

测厚：

- 测量跗关节中心的厚度。

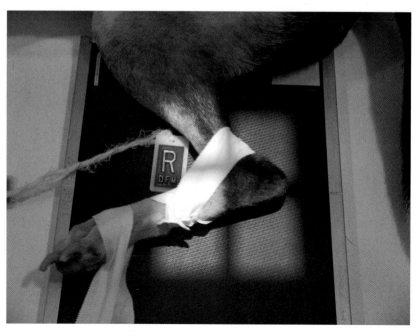

图 6-27　跗关节屈曲侧位投照的正确摆位

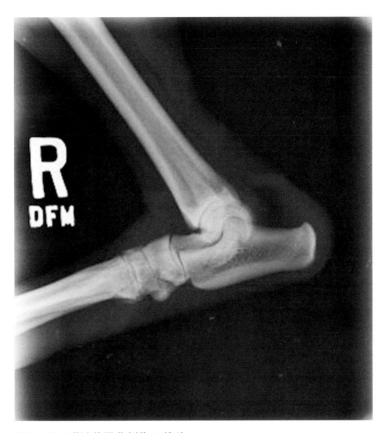

图 6-28　跗关节屈曲侧位 X 线片

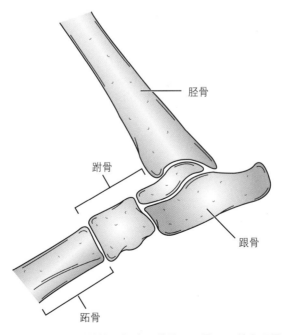

图 6-29　解剖结构和标志：跗骨、跖骨、胫骨和跟骨

跗关节伸展侧位投照

摆位：

- 动物侧卧，患肢在下。
- 健肢膝关节和跗关节周围用胶带固定，并将其拉向背侧。
- 将患肢拉出并远离身体，达到完全伸展。

投照中心：

- 投照中心对准跗关节，膝关节和距骨之间。

投照范围：

- 从胫骨远端至跗骨近端。

标记：

- 标记放置在跗关节前侧。

测厚：

- 测量跗关节中心的厚度。

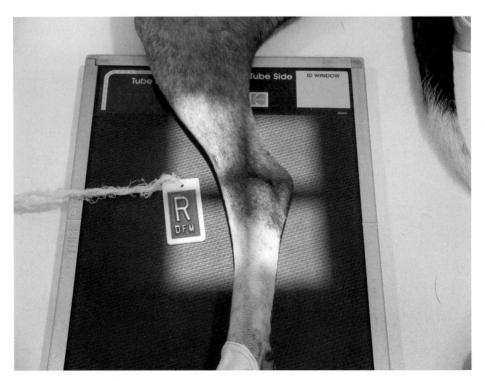

图 6-30　跗关节伸展侧位投照的正确摆位

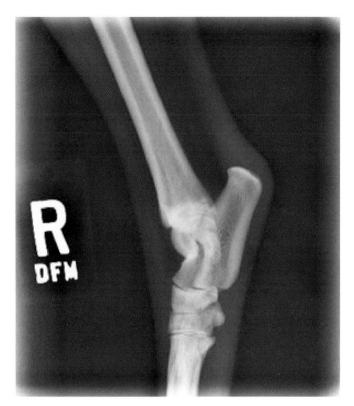

图 6-31　跗关节伸展侧位 X 线片

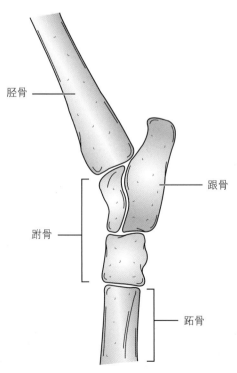

图 6-32　解剖结构和标志：胫骨、跗骨、
跟骨和跖骨

跗关节背外 / 跖内斜位投照

摆位：

- 患病动物在 V 形槽内仰卧。
- 在跗关节下方放置海绵垫，使片盒贴近跗关节。
- 用胶带将患肢跗关节固定在摄影床上。
- 患病动物倾斜 15°~20°，跗关节内侧缘朝向球管。

投照中心：

- 投照中心位于跗关节。

投照范围：

- 从胫骨远端至跖骨近端。

标记：

- 标记放置在跗关节外侧。

测厚：

- 测量跗关节中心的厚度。

备注：

- X 线机允许的话，将 X 线机机头向跗关节内侧旋转 15°~20°，可得到标准的背跖位投照。

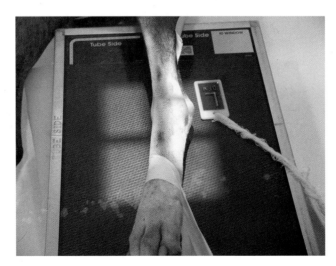

图 6-33　跗关节背外 / 跖内斜位投照的正确摆位

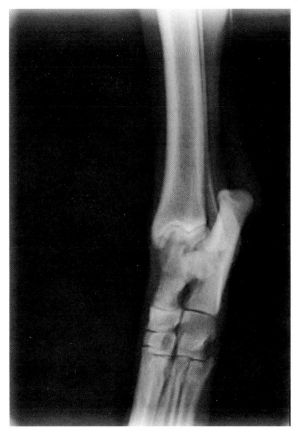

图 6-34 跗关节背外 / 跖内斜位 X 线片

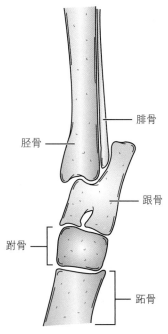

图 6-35 解剖结构和标志：胫骨、
跗骨、腓骨、跟骨和跖骨

跗关节背内 / 跖外斜位投照

摆位：

- 患病动物在 V 形槽内仰卧。
- 在跗关节下方放置海绵垫，使片盒贴近跗关节。
- 用胶带将患肢跗关节固定在摄影床上。
- 患病动物倾斜 15° ~ 20°，跗关节外侧缘朝向球管。

投照中心：

- 投照中心位于跗关节。

投照范围：

- 从胫骨远端至跖骨近端。

标记：

- 标记放置在跗关节的外侧。

测厚：

- 测量跗关节中心的厚度。

备注：

- X 线机允许的话，将 X 线机机头向跗关节外侧旋转 15° ~ 20°，可得到标准的背跖位投照。

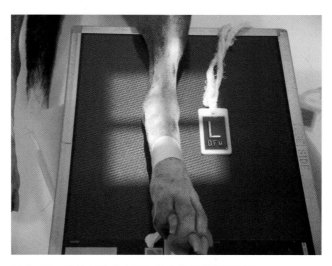

图 6-36　跗关节背内 / 跖外斜位投照的正确摆位

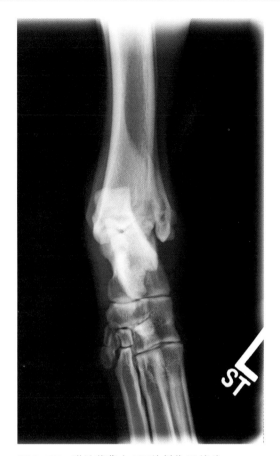

图 6-37　跗关节背内 / 跖外斜位 X 线片

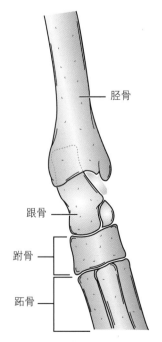

图 6-38　解剖结构和标志：跟骨、跗骨、跖骨和胫骨

跖骨背跖位投照

摆位：

- 患病动物在 V 形槽内仰卧。
- 在跖骨下方放置海绵垫使片盒贴近跖骨。
- 用胶带将患肢跖骨固定在摄影床上。

投照中心：

- 投照中心位于跖骨中部。

投照范围：

- 从胫跗关节远端至趾骨近端。投照范围也可以包括全部趾骨。

标记：

- 标记放置在跖骨外侧。

测厚：

- 测量跖骨中部的厚度。

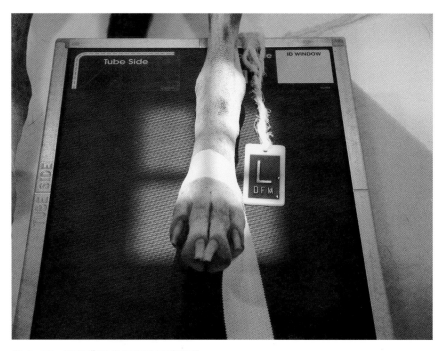

图 6-39 跖骨背跖位投照的正确摆位

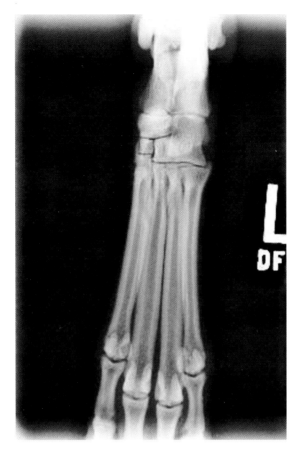

图 6-40　跖骨背跖位 X 线片

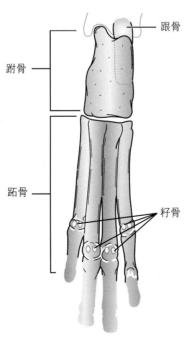

图 6-41　解剖结构和标志：跗骨、
跖骨、跟骨和籽骨

跖骨侧位投照

摆位：

- 患病动物侧卧，患肢在下。
- 健肢膝关节和跗关节周围用胶带固定，向上牵拉并远离投照视野。

投照中心：

- 投照中心位于跖骨中部。

投照范围：

- 从胫跗关节远端至趾骨近端。

标记：

- 标记放置在跖骨前侧。

测厚：

- 测量跖骨中部的厚度。

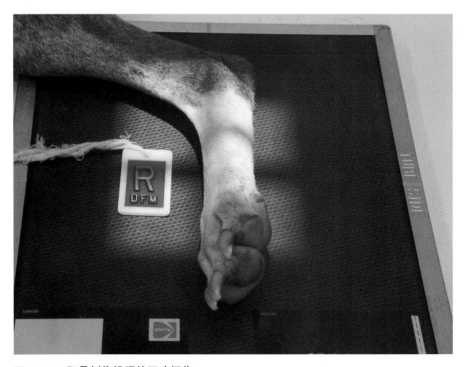

图 6-42　跖骨侧位投照的正确摆位

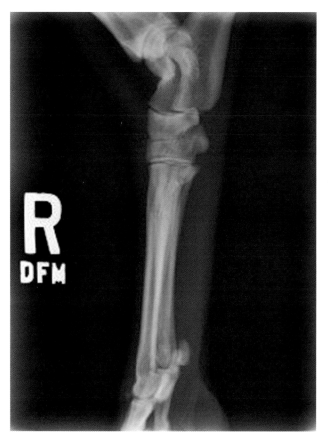

图 6-43　跖骨侧位 X 线片

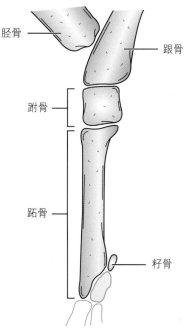

图 6-44　解剖结构和标志：胫骨、
跗骨、跖骨、跟骨和籽骨

趾骨背跖位投照

摆位：

- 动物仰卧。
- 双后肢分别向后牵拉。
- 内侧趾（第 II 趾）和外侧趾（第 V 趾）用胶带分别固定，并向彼此对立侧牵拉，展开各趾。或者在每个趾间放置棉球。
- V 形槽有助于固定身体的前半部分。

投照中心：

- 投照在趾部正上方。

投照范围：

- 从跖骨至趾骨末端。

标记：

- 标记放置在趾骨外侧。

测厚：

- 测量跖骨和趾骨的中部厚度。

备注：

- 用胶带分开每个趾更有助于显示每块儿趾骨。如果患病动物没有趾甲或非常短，那么直接用胶带固定在趾骨上。
- 通常在一张 X 线片上投照跖骨和趾骨。
- 也可使用水平 X 线投照。

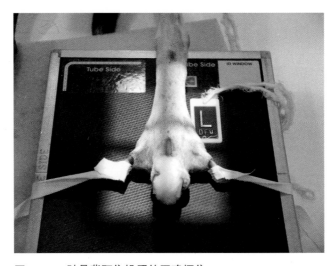

图 6-45　趾骨背跖位投照的正确摆位

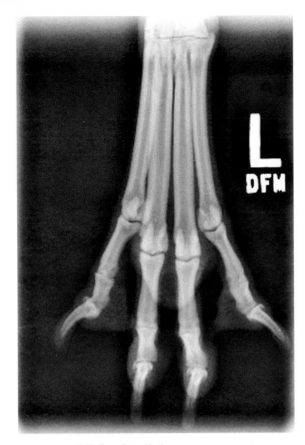

图 6-46 趾骨背跖位 X 线片

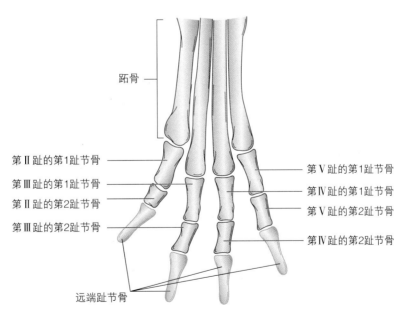

图 6-47 解剖结构和标志：跖骨、第 Ⅱ 趾的第 1 趾节骨、第 Ⅲ 趾的第 1 趾节骨、第 Ⅱ 趾的第 2 趾节骨、第 Ⅲ 趾的第 2 趾节骨、远端趾节骨、第 Ⅴ 趾的第 1 趾节骨、第 Ⅳ 趾的第 1 趾节骨、第 Ⅴ 趾的第 2 趾节骨和第 Ⅳ 趾的第 2 趾节骨

趾骨侧位投照

摆位：

- 动物侧卧，患肢在下。
- 牵拉患肢，处于自然状态。
- 在膝关节下方放置海绵垫使肢体平行，并辅助跖骨摆位。
- 外侧脚趾（第 V 趾）和内侧脚趾（第 II 趾）用胶带分别固定，并向前牵拉外侧脚趾，向后牵拉内侧脚趾。

投照中心：

- 投照在趾部正上方。

投照范围：

- 包括所有的跖骨和趾骨。

标记：

- 标记放置在外侧脚趾（第 V 趾）的前缘。

测厚：

- 测量跖骨和趾骨的中部厚度。

备注：

- 用胶带分开每个趾更有助于显示每块儿趾骨。如果患病动物没有趾甲或非常短，那么直接用胶带固定在趾骨上。
- 通常在一张 X 线片上投照跖骨和趾骨。

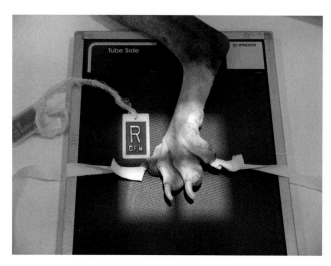

图 6-48　趾骨侧位投照的正确摆位

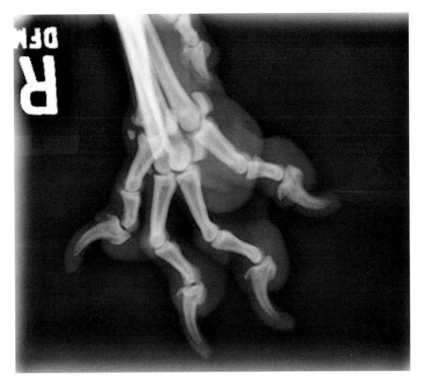

图 6-49　趾骨侧位 X 线片

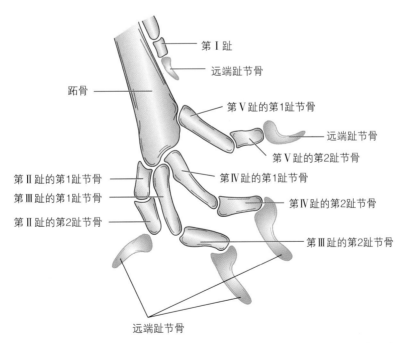

图 6-50　解剖结构和标志：跖骨、第 Ⅱ 趾的第 1 趾节骨、第 Ⅲ 趾的第 1 趾
节骨、第 Ⅱ 趾的第 2 趾节骨、远端趾节骨、第 Ⅰ 趾、第 Ⅴ 趾的第 1 趾节骨、
第 Ⅴ 趾的第 2 趾节骨、第 Ⅳ 趾的第 1 趾节骨、第 Ⅳ 趾的第 2 趾节骨和第 Ⅲ
趾的第 2 趾节骨

第 7 章

头部 X 线摄影

概述

头部 X 线摄影的适应证包括鼓泡、鼻窦和枕骨大孔的评估以及检查骨骼病变。通常情况下，评估的焦点是头部两侧的对称性，所以患病动物必须精确摆位。几乎所有的患病动物都需要全身麻醉。根据 X 线摄影的目的，在曝光前需要移除气管插管或调整位置。

对于大多数小动物，侧位和背腹位上头部的宽度几乎是一样的。大多数头部 X 线摄影时仅做一次测量，测量头颅最宽区域的厚度。鼻腔 X 线摄影时，测量头颅最宽处稍向前的地方的厚度，避免充气鼻窦的过度曝光。

大多数头部的常规 X 线摄影，需要获得侧位投照和腹背位（VD）或背腹位（DV）投照。评估鼓泡需要背腹位、右侧斜位、左侧斜位以及张口位投照。鼻腔的评估一般需要侧位、背腹位或腹背位、额位（吻枕位）以及张口位投照。评估颞下颌关节常用的投照体位包括右侧斜位和左侧斜位以及背腹位。虽然整个头部会出现在大多数投照体位内，但为了增强细节，应该将投照范围缩至主要的感兴趣区域，以减少散射线，提高图像质量。

以下几页说明了头部 X 线摄影的正确摆位和投照技术。

头部侧位投照

摆位：

- 右侧卧或左侧卧，患侧贴近片盒。
- 在下颌骨下方放置泡沫垫，使头部的矢状面与 X 线片盒平行。

投照中心：

- 眼窝外侧眼角。

投照范围：

- 枕骨隆突至鼻尖。
- 头部背侧和腹侧完全位于投照区域内。

标记：

- 用左或右标记贴近 X 线片盒的一侧。

测厚：

- 测量头部最宽处的厚度。

备注：

- 在获得的 X 线片上，下颌支和鼓泡是重叠的。如果没有创伤且眼睛和犬齿都存在的情况下，眼睛和犬齿可以作为辅助侧位投照摆位的良好标志。头部摆位时，眼睛或犬齿呈水平位置，且与片盒平行。

图 7-1　头部侧位投照的正确摆位

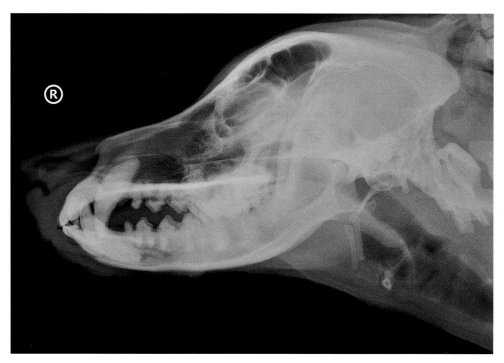

图 7-2　头部侧位 X 线片

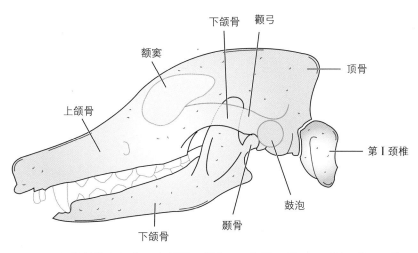

图 7-3　解剖结构和标志：上颌骨、额窦、下颌骨、颧弓、顶骨、第 I 颈椎、鼓泡和颞骨

头部背腹位投照

摆位：

- 动物俯卧。
- 颈部放置沙袋，使头部保持在 X 线片盒上。
- 用胶带固定上颌骨，保持硬腭平行于 X 线片盒。

投照中心：

- 鼻尖至颅底枕骨隆突后方连线的中点。

投照范围：

- 枕骨隆突至鼻尖。
- 颧弓完全位于投照区域内。

标记：

- 标记左侧或右侧或双侧。

测厚：

- 测量眼眶后方头颅最宽处的厚度。

图 7-4　头部背腹位投照的正确摆位

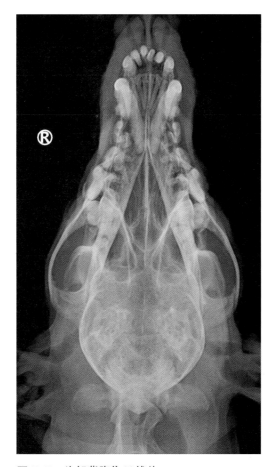

图 7-5 头部背腹位 X 线片

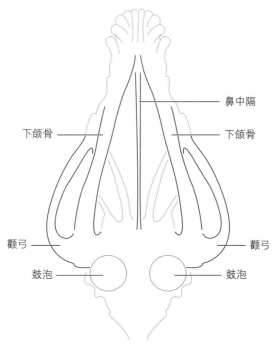

图 7-6 解剖结构和标志：下颌骨、颧弓、鼓泡和鼻中隔

头部腹背位投照

摆位：

- 动物仰卧。
- 颈部下方放置泡沫垫或沙袋，使硬腭与 X 线片盒平行。
- 可以使用 V 形槽辅助维持身体呈一条直线。
- 双前肢向后牵拉。
- 头部下方放置泡沫垫或用胶带固定下颌骨，避免头部旋转。

投照中心：

- 鼻尖至颅底枕骨隆突后方连线的中点。

投照范围：

- 枕骨隆突至鼻尖。
- 颧弓完全位于投照区域内。

标记：

- 标记左侧或右侧或双侧。

测厚：

- 测量眼眶后侧的头颅最宽处厚度。

备注：

- 鼻腔 X 线摄影时，也会使用头部腹背位投照，因为鼻腔位于头部背侧且最贴近片盒。

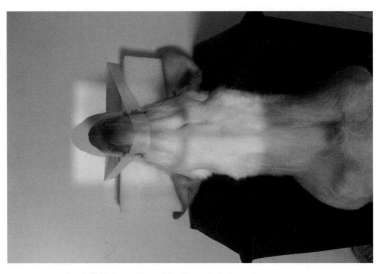

图 7-7　头部腹背位投照的正确摆位（张栩供图）

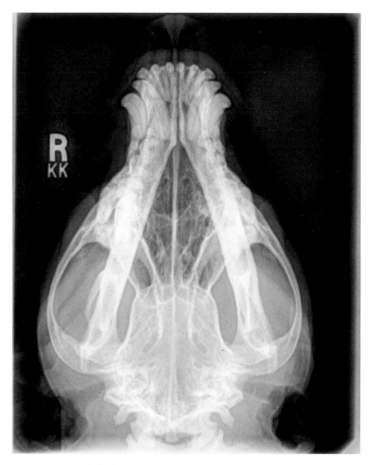

图 7-8 头部腹背位 X 线片

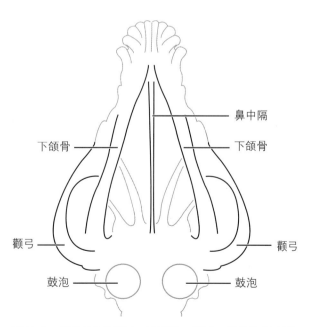

图 7-9 解剖结构和标志：下颌骨、颧弓、鼓泡和鼻中隔

额窦吻枕闭口位投照

摆位：

- 动物仰卧。
- 颈部下方放置泡沫垫或沙袋。
- 可以使用 V 形槽辅助维持身体呈一条直线。
- 双前肢向后牵拉固定。
- 用胶带或纱布固定鼻头向后牵拉，使硬腭与 X 线片盒垂直，并与 X 线束平行。

投照中心：

- 两眼中间。

投照范围：

- 包括枕骨嵴至鼻镜的所有区域。
- 颧弓完全位于投照区域内。

标记：

- 标记左侧或右侧或双侧。

测厚：

- 测量两眼连线中点的厚度。

备注：

- 这个投照体位通常被称为"轴位"观。

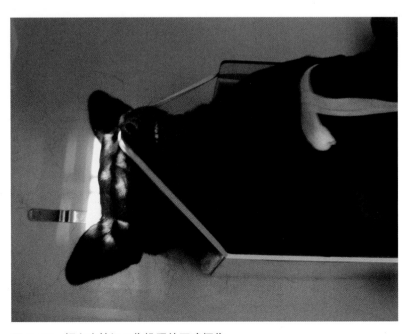

图 7-10 额窦吻枕闭口位投照的正确摆位

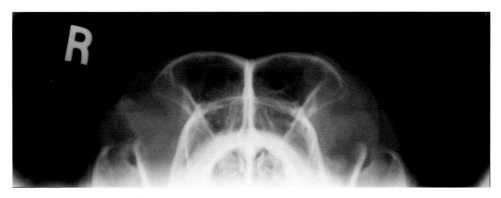

图 7-11　额窦吻枕闭口位 X 线片

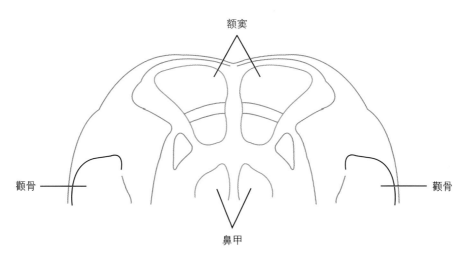

图 7-12　解剖结构和标志：颧骨、额窦和鼻甲

枕骨大孔吻枕位投照

摆位：

- 动物仰卧。
- 颈部下方放置泡沫垫或沙袋。
- 可以使用 V 形槽辅助维持身体呈一条直线。
- 双前肢后拉固定。
- 用胶带或纱布牵拉鼻头向后，使之朝向胸部倾斜 30°。

投照中心：

- 两眼之间。

投照范围：

- 枕骨嵴至鼓泡的所有区域。
- 颧弓完全位于投照区域内。

标记：

- 标记左侧或右侧或双侧。

测厚：

- 测量两眼连线的中点厚度。

备注：

- 这个投照体位也被称为"钥匙孔"或"皇冠"观。

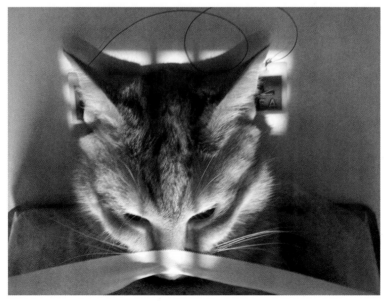

图 7-13　枕骨大孔吻枕位投照的正确摆位

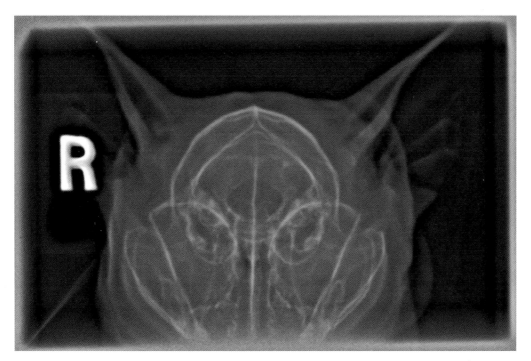

图 7-14 枕骨大孔吻枕位 X 线片

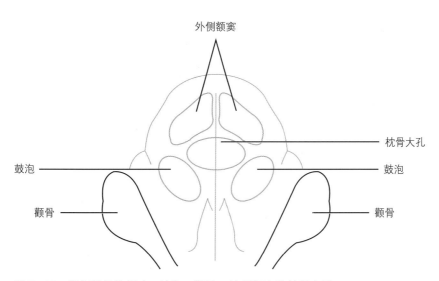

图 7-15 解剖结构和标志：鼓泡、颧骨、外侧额窦和枕骨大孔

鼻腔张口吻枕腹背位投照

摆位：

- 动物仰卧。
- 头部以下的部分躺在 V 形槽内，保证头部与身体呈一条直线。
- 用胶带压在上颌犬齿上，并固定在摄影床两侧，使硬腭与 X 线片盒平行。
- 用胶带压在下颌犬齿上，或在将胶带放在下颌犬齿的后面，连同下颌骨、舌和气管插管一起牵拉，打开口腔。将胶带固定在 V 形槽两侧。
- 双前肢向后牵拉固定。

投照中心：

- 将 X 线球管向后倾斜约 15°，投照中心对准上腭后方。
- 如果使用暗盒架托盘，X 线从托盘上方穿入，准直器随球管倾斜。

投照范围：

- 水平方向上位于颧弓内，垂直方向上包括从上颌骨顶端至上颚后方，避免下颌骨与之重叠。

标记：

- 标记左侧或右侧或双侧。

测厚：

- 测量嘴唇联合附近的最厚处。
- 猫投照时，不需要呈角度投照，或者说仅将 X 线束倾斜 5° ~ 10° 即可。

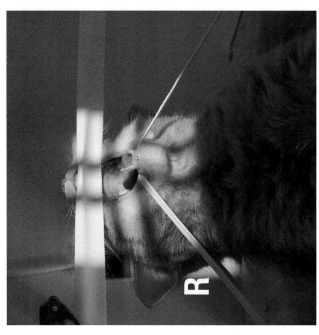

图 7-16 鼻腔张口吻枕腹背位投照的正确摆位

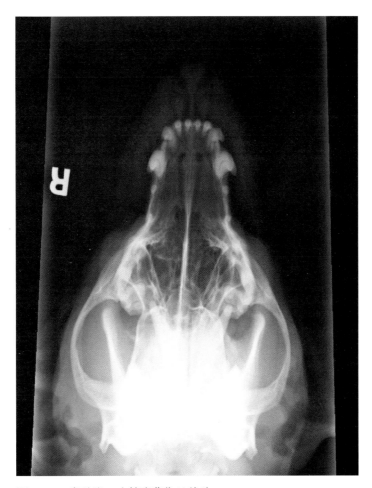

图 7-17　鼻腔张口吻枕腹背位 X 线片

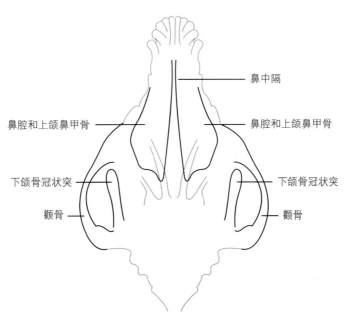

图 7-18　解剖结构和标志：鼻腔和上颌鼻甲骨、下颌骨冠状突、颧骨和鼻中隔

鼓泡张口吻枕位投照

摆位：

- 动物仰卧。
- 在颈部下方放置泡沫垫或沙袋。
- 使用 V 形槽有助于保持垂直准直。
- 双前肢向后牵拉并固定。
- 用胶带或纱布固定上颌，并向前牵拉约 10°。
- 用胶带或纱布固定下颌，并向后牵拉约 10°。

投照中心：

- 投照中心对准舌根部、嘴角联合处的软腭正下方。

投照范围：

- 颧弓完全位于投照区域内，外侧还要足够放置标记。

标记：

- 标记左侧或右侧或双侧。

测厚：

- 测量嘴角联合处。

备注：

- 也可使用一个塑料开口器使口腔保持张开的状态，注意不要让开口器的重量造成头部旋转。
- 如果没有开口器，也可使用移除活塞的 1mL 注射器针筒。剪掉针筒的两端（可使用指甲剪），然后将开口端分别卡在上颌和下颌的犬齿上。长度可相应地调整。
- 猫也可以进行吻枕闭口位投照，将头部向前倾斜约 10°（图 7-20、图 7-23 和图 7-24），因为猫的鼓泡在解剖位置上比狗更靠后。

图 7-19　猫的鼓泡张口吻枕位投照的正确摆位

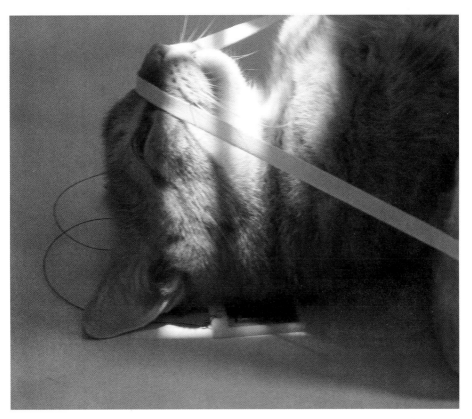

图 7-20　猫的吻枕位投照的正确摆位

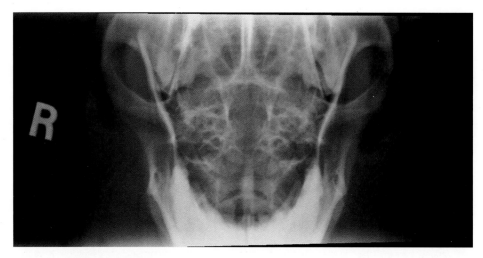

图 7-21　鼓泡张口吻枕位 X 线片

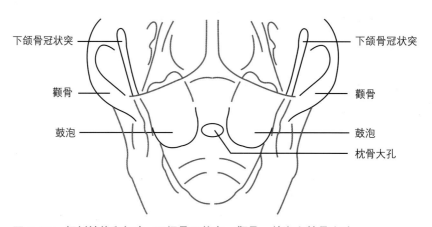

图 7-22　解剖结构和标志：下颌骨冠状突、颧骨、鼓泡和枕骨大孔

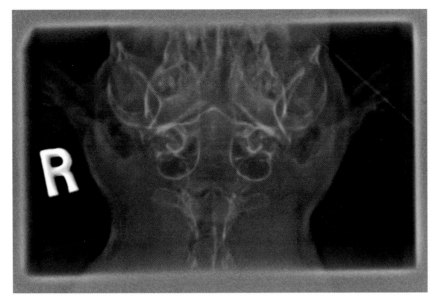

图 7-23　猫的吻枕位投照的 X 线片

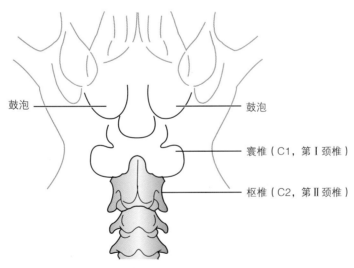

图 7-24　解剖结构和标志：鼓泡、寰椎（C1，第Ⅰ颈椎）和枢椎
（C2，第Ⅱ颈椎）

鼓泡背腹位投照

摆位：

- 动物俯卧。
- 在颈部区域放置沙袋，保持头部与 X 线片盒接触。
- 用胶带压在上颌上，使头部在 X 线片盒上保持垂直准直。

投照中心：

- 触摸耳根部，确定头骨位置。投照中心在两耳之间的头骨背中线。

投照范围：

- 触摸耳朵，投照范围包含耳朵的前缘和后缘。
- 头部左侧和右侧完全位于投照区域内。

标记：

- 标记左侧或右侧或双侧。

测厚：

- 测量位于眼眶后方与鼓泡上方交接处的头部最宽处厚度。

备注：

- 优先选择背腹位，此时鼓泡离片盒更近。

图 7-25　鼓泡背腹位投照的正确摆位

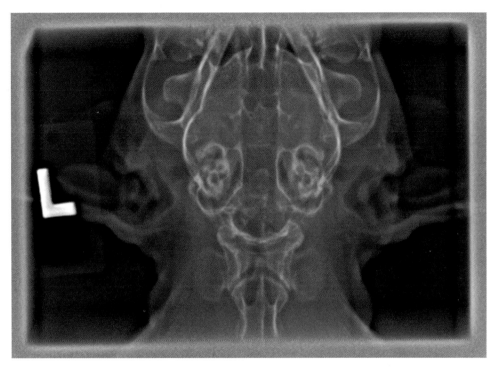

图 7-26　鼓泡背腹位 X 线片

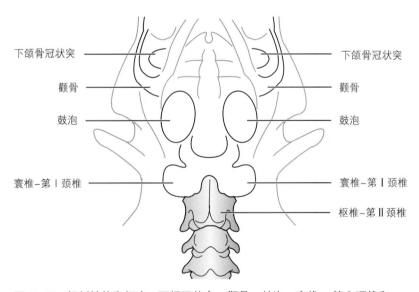

图 7-27　解剖结构和标志：下颌冠状突、颧骨、鼓泡、寰椎 - 第 Ⅰ 颈椎和
枢椎 - 第 Ⅱ 颈椎

鼓泡侧斜位投照

摆位：

- 动物侧卧。
- 右侧卧检查左侧鼓泡。
- 左侧卧检查右侧鼓泡。
- 侧位投照时，头部向下自然倾斜，与摄影床面成 30°～40° 角。该摆位投照位于下方的鼓泡，避免与头骨重叠。

投照中心：

- 触摸并将投照中心对准耳朵，头部背侧和腹侧中央。

投照范围：

- 从耳朵前方至耳朵后方。

标记：

- 标记被投照的鼓泡。
- 动物右侧卧时，将右侧标记放置在背侧，左侧标记放置在腹侧。左侧卧时，将左侧标记放置在背侧，右侧标记放置在腹侧。

测厚：

- 测量眼眶后方与鼓泡上方相交处的头部最宽处厚度。

备注：

- 该投照体位有助于显示下方的单侧鼓泡，不会与头骨重叠。
- 该斜位投照也可将投照范围调整至包含完整的下颌骨或上颌骨，获取下颌骨或上颌骨的影像。右侧斜位投照和左侧斜位投照都是必要的。

图 7-28　鼓泡侧斜位投照的正确摆位

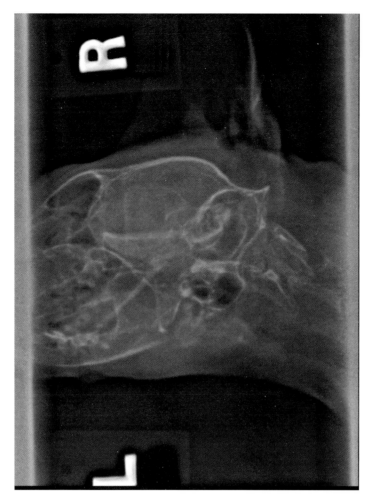

图 7-29　鼓泡侧斜位 X 线片

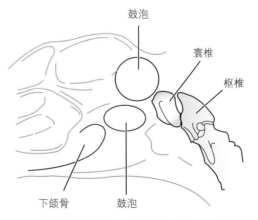

图 7-30　解剖结构和标志：下颌骨、鼓泡、寰椎和枢椎

颞下颌关节侧斜位投照

摆位：

- 动物侧卧；正常情况下，每个患病动物都需要获得右侧斜位和左侧斜位 X 线片。
- 右侧卧检查右侧颞下颌关节。
- 左侧卧检查左侧颞下颌关节。
- 侧位投照时，头部自然向下，朝向摄影床倾斜 10°；这可投照位于下方的颞下颌关节，且不与头骨重叠。
- 在鼻部下方放置一小块海绵，使头骨的吻侧（鼻侧）抬高约 10°；这可投照位于下方的颞下颌关节，且不与头骨重叠。

投照中心：

- X 线束中心在耳朵或鼓泡的前缘。

投照范围：

- 颞下颌关节的前方到后方。

标记：

- 标记下方的颞下颌关节。

测厚：

- 测量颞下颌关节上方耳朵前、眼眶后部位的厚度。

备注：

- 怀疑关节脱位时，可能需要分别投照每侧的颞下颌关节张口斜位。

图 7-31　颞下颌关节侧斜位投照的正确摆位

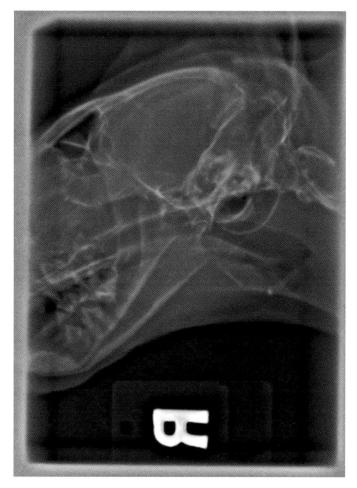

图 7-32　颞下颌关节侧斜位 X 线片

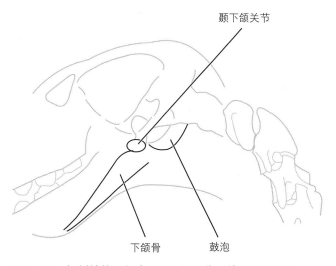

图 7-33　解剖结构和标志：颞下颌关节、鼓泡和下颌骨

颞下颌关节背腹位投照

摆位：

- 动物俯卧。
- 颈部区域放置沙袋，保持头部与 X 线片盒接触。
- 用胶带压在上颌骨上，使头部在 X 线片盒上保持垂直准直。

投照中心：

- 触摸耳根部，便于从头部吻侧确定投照中心。投照中心在头部背中线与鼓泡 / 耳朵连线的交点。

投照范围：

- 颞下颌关节的前方到后方。
- 头部的左侧缘和右侧缘完全位于投照区域内。

标记：

- 标记左侧或右侧或双侧。

测厚：

- 测量颞下颌关节上方眼眶后最宽处厚度。

备注：

- 颞下颌关节位于头部的腹侧，更贴近 X 线片盒，所以首选背腹位。

图 7-34　颞下颌关节背腹位投照的正确摆位

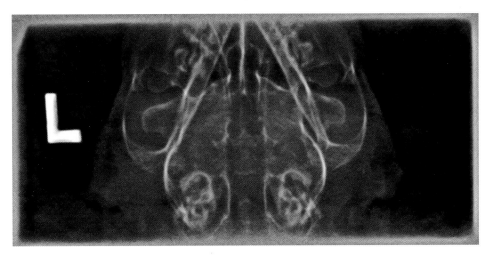

图 7-35　颞下颌关节背腹位 X 线片

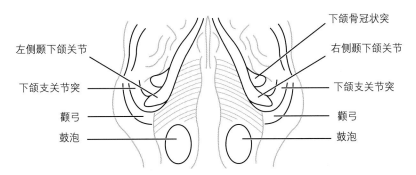

图 7-36　解剖结构和标志：左侧颞下颌关节、下颌支关节突、颧弓、鼓泡、下颌骨冠状突和右侧颞下颌关节

第8章

牙科 X 线摄影

概述

正确地评估牙齿需要特定的摆位技术来获得准确且细节充分的牙齿X线片。头部X线片的细节不足以用来诊断评估口腔疾病。尽管可以使用标准的X线机来对患病动物摆位并进行牙齿X线摄影，但是，使用牙科专用的X线机更容易获得曝光良好的X线片。

因为犬猫的上颚不像人具有拱形结构，所以可使用角平分线投照技术，通过调整X线机机头的位置拍出精确的牙科X线片。由于牙根嵌在上颌骨骨内，若X线片与上颌牙弓内的牙齿平行，那么牙根会因为上颚阻挡而无法显影。为了便于理解角平分线投照技术，我们来想象一个人站在荒芜平坦的沙漠里，阳光（X线束）直接照射到这个人的头顶，那么其产生的阴影（影像）会在地上（X线片）形成不可辨识的一团。这就无法显示任何关于这个人的形态和大小的重要信息。或者，阳光（X线束）正好落在地平线上，那么阴影会变成30英尺（1英尺≈0.30m）长，也没有办法提供该个体任何关于形态或大小的准确信息。若阳光位于正午和刚好日落前正中的位置，那么该人背后阴影的长度和其身高等长，就能体现出该个体形态的准确细节。这个位置的阳光就是垂直于角平分线的X线束。

胶片放入口腔内，牙齿的长轴与胶片的水平轴形成一个角度。用想象中的一条线将该角度二等分。将 X 线束以垂直该二等分面的角度穿入。若 X 线管的角度太大，那么影像会缩小。若 X 线管的角度太小，那么影像会拉长。

以下几页说明了牙科 X 线摄影的正确摆位。注意犬猫之间有细微的差别，所以这两种动物分开描述。还有，需要注意的是，口内 X 线成像设备的对准是自动的，且 X 线片标记总是被放在胶片上朝向 X 线球管凸面的凹陷处，所以每个需要的摆位都包含了患病动物摆位和 X 线束中心的描述信息。

犬上颌切齿齿弓

摆位：

• 侧卧或仰卧。

投照中心：

• 调整图像中心使两个中间切齿距离图像边缘相等，且至少可见 3mm 的根尖周骨。

图 8-1　犬上颌切齿齿弓的正确摆位

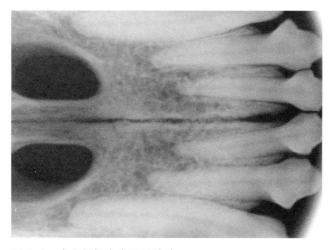

图 8-2　犬上颌切齿齿弓 X 线片

犬上颌犬齿

摆位：

- 侧卧或仰卧。

投照中心：

- 可见齿尖及至少 3mm 根尖周骨。

图 8-3　犬上颌犬齿的正确摆位

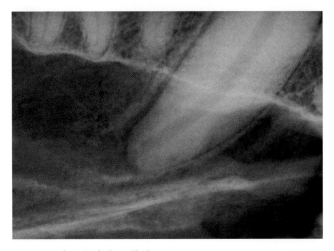

图 8-4　犬上颌犬齿 X 线片

犬上颌前臼齿

摆位：

* 侧卧或仰卧。

投照中心：

* 可见齿尖及至少 3mm 根尖周骨。

图 8-5　犬上颌前臼齿的正确摆位

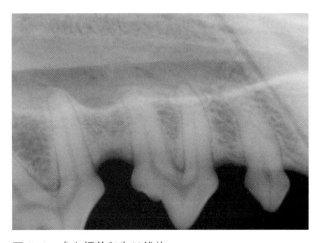

图 8-6　犬上颌前臼齿 X 线片

犬上颌第 4 前臼齿和臼齿

摆位：

- 侧卧或仰卧。

投照中心：

- 可见齿尖及至少 3mm 根尖周骨。
- 向吻侧或远侧旋转球管，使第 4 前臼齿近中颊侧和颚侧齿根的重叠部分分开。

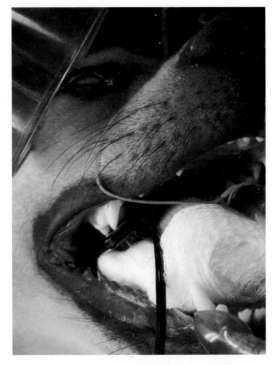

图 8-7　犬上颌第 4 前臼齿和臼齿的正确摆位

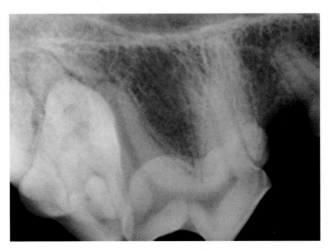

图 8-8　犬上颌第 4 前臼齿和臼齿 X 线片

犬下颌切齿齿弓

摆位：

- 侧卧或仰卧。

投照中心：

- 调整图像中心使两个中间切齿距离图像边缘相等，且至少可见 3mm 的根尖周骨。

图 8-9　犬下颌切齿齿弓的正确摆位

图 8-10　犬下颌切齿齿弓 X 线片

犬下颌犬齿和下颌前臼齿齿弓

摆位：

- 侧卧或仰卧。

投照中心：

- 可见齿尖及至少 3mm 根尖周骨。

备注：

- 可使用角平分线投照技术或平行投照技术进行投照。

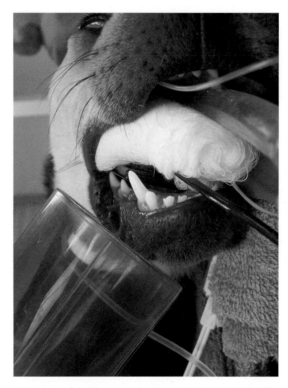

图 8-11　犬下颌犬齿和下颌前臼齿齿弓的正确摆位

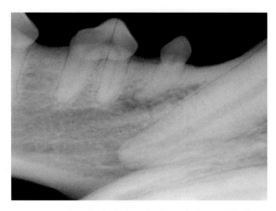

图 8-12　犬下颌犬齿和下颌前臼齿齿弓 X 线片

犬下颌前臼齿齿弓

摆位：

- 侧卧或仰卧。

投照中心：

- 可见齿尖及至少 3mm 根尖周骨。

备注：

- 可使用平行投照技术进行投照。

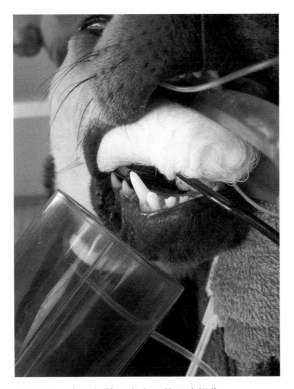

图 8-13　犬下颌前臼齿齿弓的正确摆位

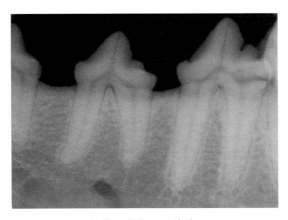

图 8-14　犬下颌前臼齿齿弓 X 线片

犬下颌臼齿

摆位：

- 侧卧或仰卧。

投照中心：

- 可见齿尖及至少 3mm 根尖周骨。

备注：

- 可使用平行投照技术进行投照。

图 8-15　犬下颌臼齿的正确摆位

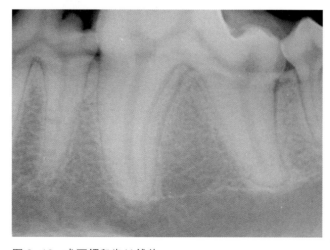

图 8-16　犬下颌臼齿 X 线片

猫上颌切齿齿弓

摆位：

- 侧卧或仰卧。

投照中心：

- 调整图像中心使两个中间切齿距离图像边缘相等，且至少可见 3mm 的根尖周骨。

图 8-17　猫上颌切齿齿弓的正确摆位

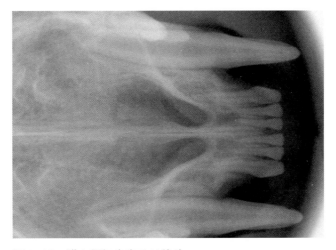

图 8-18　猫上颌切齿齿弓 X 线片

猫上颌犬齿

摆位:

- 侧卧或仰卧。

投照中心:

- 可见齿尖及至少 3mm 根尖周骨。

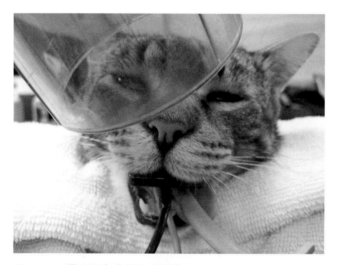

图 8-19　猫上颌犬齿的正确摆位

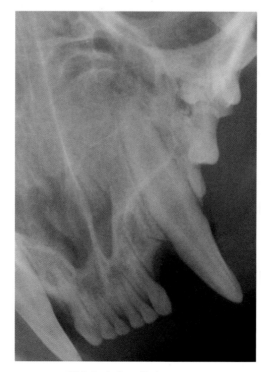

图 8-20　猫上颌犬齿 X 线片

猫上颌前臼齿和臼齿

摆位：

- 侧卧或仰卧。

投照中心：

- 可见齿尖及至少 3mm 根尖周骨。

- 向吻侧或远侧旋转球管，使第 4 前臼齿近中颊侧和颚侧齿根的重叠部分分开。

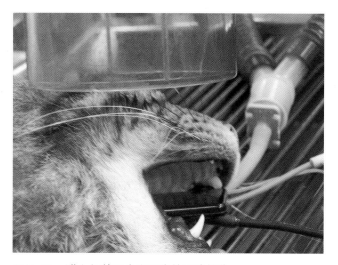

图 8-21　猫上颌前臼齿和臼齿的正确摆位

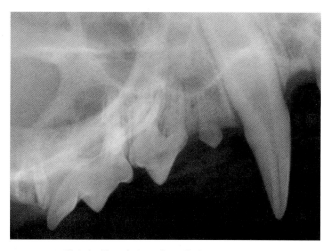

图 8-22　猫上颌前臼齿和臼齿 X 线片

猫下颌切齿齿弓

摆位：

- 侧卧或仰卧。

投照中心：

- 调整图像中心使两个中间切齿距离图像边缘相等，且至少可见 3mm 的根尖周骨。

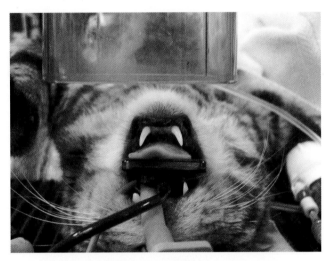

图 8-23　猫下颌切齿齿弓的正确摆位

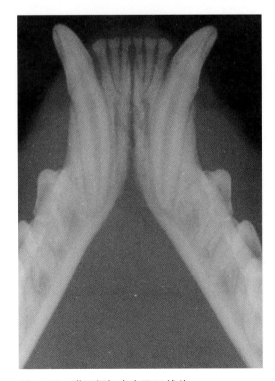

图 8-24　猫下颌切齿齿弓 X 线片

猫下颌犬齿

摆位：

- 侧卧或仰卧。

投照中心：

- 可见齿尖及至少 3mm 根尖周骨。

图 8-25　猫下颌犬齿的正确摆位

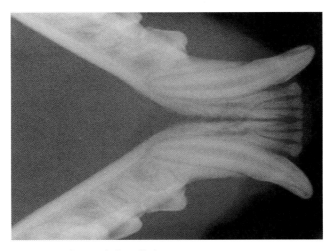

图 8-26　猫下颌犬齿 X 线片

猫下颌前臼齿和臼齿齿弓

摆位：

- 侧卧或仰卧。

投照中心：

- 可见齿尖及至少 3mm 根尖周骨。

图 8-27　猫下颌前臼齿和臼齿齿弓的正确摆位

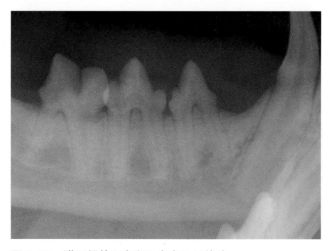

图 8-28　猫下颌前臼齿和臼齿齿弓 X 线片

第9章

脊柱 X 线摄影

概述

脊柱 X 线摄影用于检查骨骼病变以及评估椎间隙。为了维持脊柱与 X 线片盒平行以及使脊柱尽可能地贴近片盒,仔细摆位是很有必要的。可用摆位辅具作为辅助设施来维持脊柱与摄影床面平行。在将患病动物移到摄影床上之前,在动物身上沿着脊柱放置一段胶带,可有助于维持脊柱呈一条直线(图 9-1)。

脊柱 X 线摄影通常包括颈椎、胸椎、胸腰结合处、腰椎、腰荐椎、荐椎和尾椎的侧位和腹背位(VD)投照。颈椎的评估也可能需要屈曲位和伸展位。为了增强细节,脊柱 X 线摄影的投照范围应尽可能小。必须注意确保在曝光前将方位标记放置于投照区域内,且不与脊柱的任何部位重叠。以下几页说明了脊柱 X 线摄影的正确摆位和投照技术。

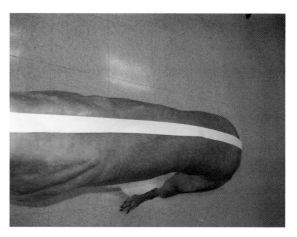

图 9-1　使用胶带以保持脊柱呈一条直线

颈椎腹背位投照

摆位：

- 动物仰卧。
- 在颈部下方放置泡沫垫，使脊柱与 X 线片盒保持平行。
- 双前肢均匀固定，并向后牵拉。

投照中心：

- C4 ~ C5 椎间隙。

投照范围：

- 颅底至肩胛冈。

标记：

- R/L 标记放置在投照区域内远离骨骼的位置。
- 标记放置于后部区域。

测厚：

- 测量 C4 ~ C5 椎间隙处的厚度。

备注：

- 对于体型很大的患病动物，如果颈椎前段和后段的厚度差异很大，应进行两次投照。第 1 次投照中心位于 C2 ~ C3 椎间隙，投照范围从颅底至 C4。第 2 次重新测量厚度，投照中心在 C5 ~ C6 椎间隙，投照范围包括 C4 ~ T1。

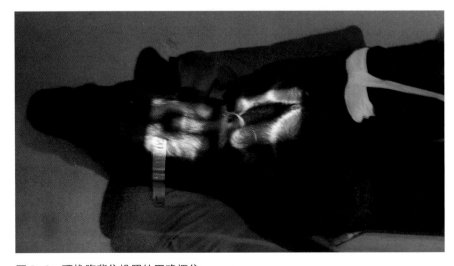

图 9-2　颈椎腹背位投照的正确摆位

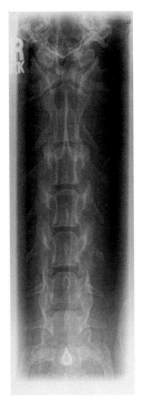

图 9-3　颈椎腹背位 X 线片

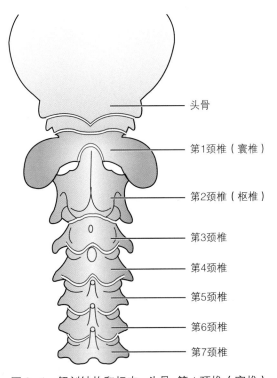

图 9-4　解剖结构和标志：头骨、第 1 颈椎（寰椎）、
第 2 颈椎（枢椎）、第 3 颈椎、第 4 颈椎、第 5 颈椎、
第 6 颈椎和第 7 颈椎

颈椎侧位投照

摆位：

- 动物右侧卧或左侧卧。
- 在下颌骨下方放置泡沫垫，使脊柱与 X 线片盒保持平行，并用沙袋固定。
- 双前肢向后均匀牵拉，并固定。
- 可能需要在胸骨下放置泡沫垫，避免脊柱旋转。

投照中心：

- C4 ~ C5 椎间隙。

投照范围：

- 颅底至肩胛冈。

标记：

- R/L 放在投照区域内远离骨骼的位置，标记贴近 X 线片盒的一侧。
- 标记放置于后部区域。

测厚：

- 测量 C4 ~ C5 椎间隙处的厚度。

备注：

- 颈部自然位置，不要屈曲或伸展。

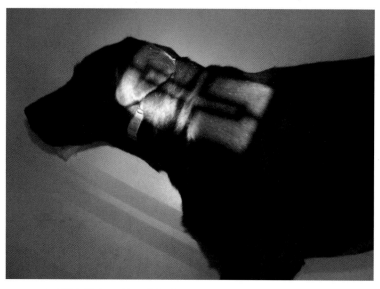

图 9-5　颈椎侧位投照的正确摆位

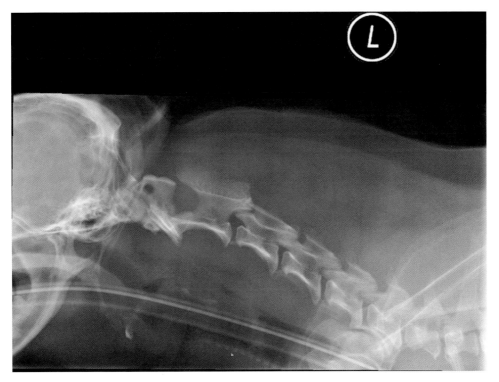

图 9-6　颈椎侧位 X 线片

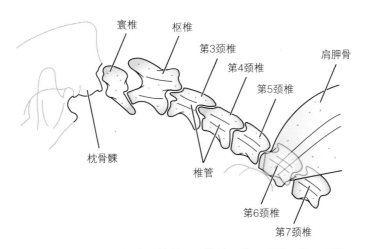

图 9-7　解剖结构和标志：枕骨髁、椎管、第 6 颈椎、第 7 颈椎、寰椎、枢椎、第 3 颈椎、第 4 颈椎、第 5 颈椎和肩胛骨

颈椎伸展侧位投照

摆位：

- 动物右侧卧或左侧卧。
- 在下颌骨下方放置泡沫垫，使脊柱与 X 线片盒保持平行，并用沙袋固定。
- 双前肢向后均匀牵拉，并固定。
- 可能需要在胸骨下放置泡沫垫，避免脊柱旋转。
- 颈部向背侧伸展或推向背侧。

投照中心：

- C4 ~ C5 椎间隙。

投照范围：

- 颅底至肩胛冈。

标记：

- R/L 放在投照区域内远离骨骼的位置，标记贴近 X 线片盒的一侧。
- 标记放置于后部区域。

测厚：

- 测量 C4 ~ C5 椎间隙处的厚度。

备注：

- 真正的伸展状态，不仅仅是将头部向背侧推，第 7 颈椎前的全部颈椎均需向背侧伸展。

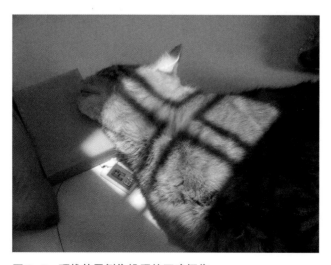

图 9-8 颈椎伸展侧位投照的正确摆位

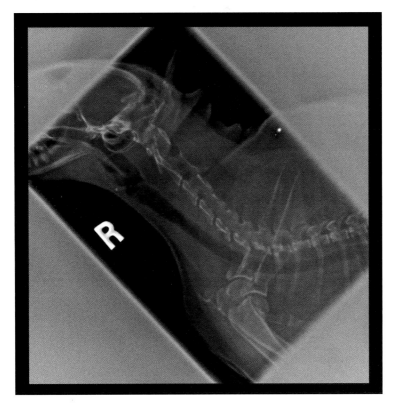

图 9-9　颈椎伸展侧位 X 线片

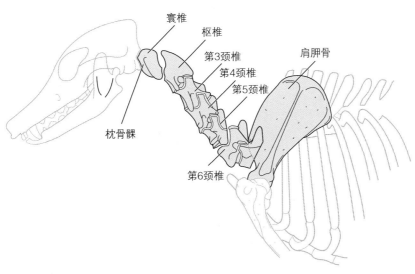

图 9-10　解剖结构和标志：枕骨髁、第 6 颈椎、寰椎、枢椎、第 3 颈椎、第 4 颈椎、第 5 颈椎和肩胛骨

颈椎屈曲侧位投照

摆位：

- 动物右侧卧或左侧卧。
- 头部向腹侧向后屈曲，朝向肱骨，可用沙袋固定头的背侧以维持屈曲状态。
- 双前肢向后均匀牵拉，并固定。
- 可能需要在胸骨下放置泡沫垫，避免脊柱旋转。

投照中心：

- C4 ~ C5 椎间隙。

投照范围：

- 颅底至肩胛冈。

标记：

- R/L 放在投照区域内远离骨骼的位置，标记贴近 X 线片盒的一侧。
- 标记放置于后部区域。

测厚：

- 测量 C4 ~ C5 椎间隙处的厚度。

备注：

- 注意不要过度屈曲颈部。从第 7 颈椎开始，所有颈椎必须是均匀屈曲。

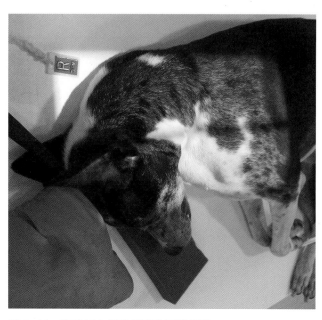

图 9-11　颈椎屈曲侧位投照的正确摆位

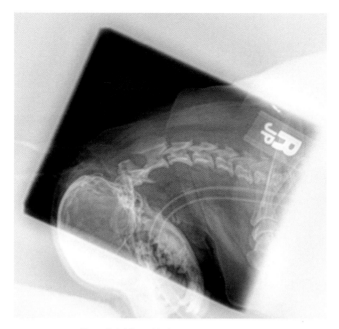

图 9-12　颈椎屈曲侧位 X 线片

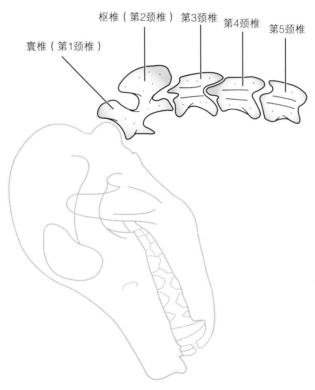

图 9-13　解剖结构和标志：寰椎（第 1 颈椎）、枢椎（第 2 颈椎）、第 3 颈椎、第 4 颈椎和第 5 颈椎

胸椎腹背位投照

摆位：

- 动物仰卧。
- 双前肢向前均匀伸展。
- 可以使用 V 形槽或沙袋，保持脊柱呈一条直线。

投照中心：

- 肩胛骨后缘，大约在第 6 或第 7 胸椎的位置。

投照范围：

- 剑状软骨和最后肋骨的中间位置至肩胛冈。
- 必须包括 C7 ~ T1 在内。

标记：

- R/L 放在投照区域内远离骨骼的位置，标记贴近 X 线片盒的一侧。
- 标记放置于后部区域。

测厚：

- 测量胸骨最高处（最厚处）厚度。

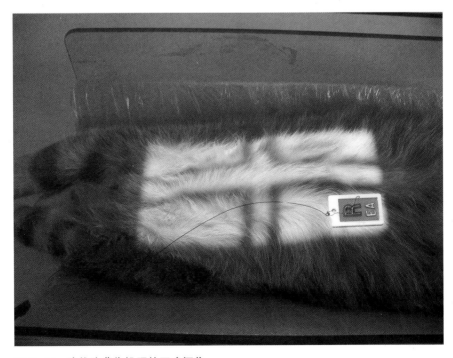

图 9-14　胸椎腹背位投照的正确摆位

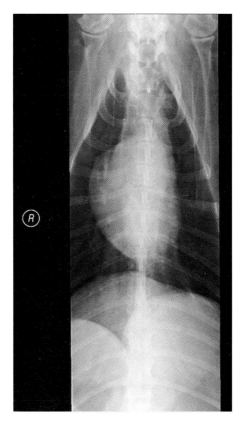

图 9-15　胸椎腹背位 X 线片

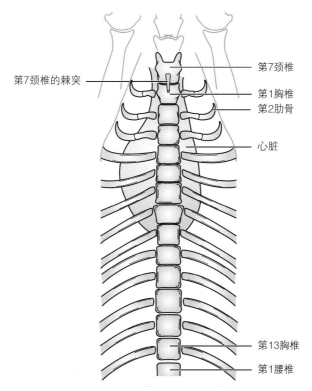

图 9-16　解剖结构和标志：第 7 颈椎的棘突、第 7 颈椎、
第 1 胸椎、第 2 肋骨、心脏、第 13 胸椎和第 1 腰椎

胸椎侧位投照

摆位：

- 动物右侧卧或左侧卧。
- 双前肢轻微向前均匀伸展。
- 双后肢轻微向后均匀伸展。
- 可能需要在胸骨下放置泡沫垫，避免脊柱旋转。

投照中心：

- 肩胛骨后缘，大约在第 6 或第 7 胸椎的位置。

投照范围：

- 剑状软骨和最后肋骨的中间位置至肩胛冈。
- 必须包括 C7 ~ T1 在内。

标记：

- R/L 放在投照区域内远离骨骼的位置，标记贴近 X 线片盒的一侧。
- 标记放置于后部区域。

测厚：

- 测量剑状软骨中点或胸部最高点厚度。

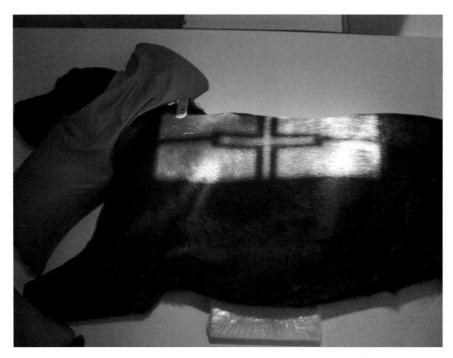

图 9-17　胸椎侧位投照的正确摆位

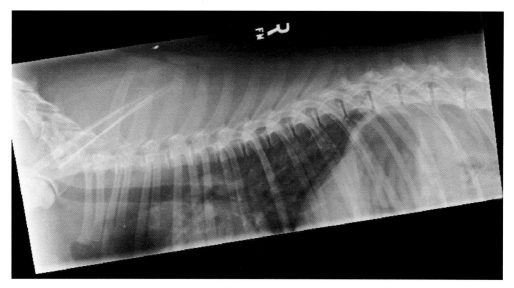

图 9-18　胸椎侧位 X 线片

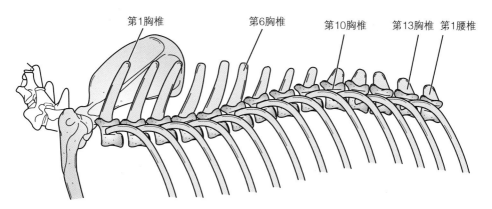

图 9-19　解剖结构和标志：第 1 胸椎、第 6 胸椎、第 10 胸椎、第 13 胸椎和第 1 腰椎

胸腰椎腹背位投照

摆位：

- 动物仰卧。
- 双前肢轻微向前均匀伸展。
- 双后肢轻微向后均匀伸展。
- 可能需要在胸骨下放置泡沫垫，避免脊柱旋转。

投照中心：

- 投照范围的中间。

投照范围：

- 剑状软骨至最后肋骨。

标记：

- R/L 标记放置在投照区域内远离骨骼的位置。
- 标记放置于后部区域。

测厚：

- 测量剑状软骨中点或胸部最高点厚度。

图 9-20　胸腰椎腹背位投照的正确摆位

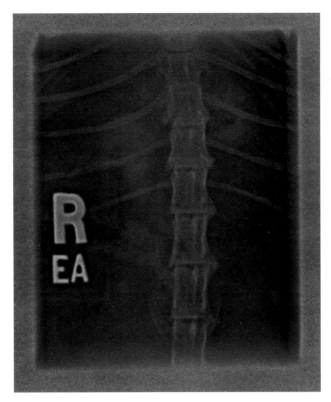

图 9-21　胸腰椎腹背位 X 线片

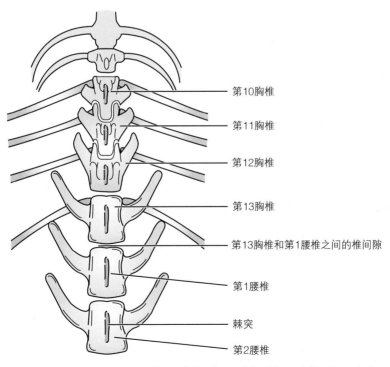

图 9-22　解剖结构和标志：第 10 胸椎、第 11 胸椎、第 12 胸椎、第 13 胸椎、第 13 胸椎与第 1 腰椎之间的椎间隙、第 1 腰椎、棘突和第 2 腰椎

胸腰椎侧位投照

摆位：

- 动物右侧卧或左侧卧。
- 双前肢轻微向前均匀伸展。
- 双后肢轻微向后均匀伸展。
- 可能需要在胸骨下放置泡沫垫，避免脊柱旋转。

投照中心：

- 投照范围的中间。

投照范围：

- 剑状软骨至最后肋骨。

标记：

- R/L 放在投照区域内远离骨骼的位置，标记贴近 X 线片盒的一侧。

测厚：

- 测量剑状软骨中点或胸部最高点厚度。

图 9-23　胸腰椎侧位投照的正确摆位

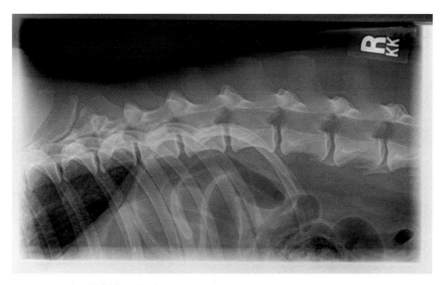

图 9-24　胸腰椎侧位 X 线片

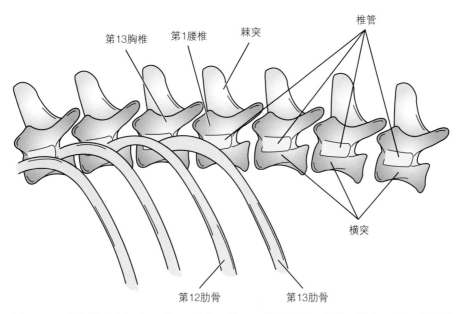

图 9-25　解剖结构和标志：第 13 胸椎、第 1 腰椎、棘突、椎管、横突、第 12 肋骨和第 13 肋骨

腰椎腹背位投照

摆位：

- 动物仰卧。
- 双前肢轻微向前均匀伸展。
- 双后肢轻微向后均匀伸展。
- 可能需要在胸骨下放置泡沫垫，避免脊柱旋转。

投照中心：

- 触摸剑状软骨和髂骨翼，投照中心位于这两点中间位置。

投照范围：

- 剑状软骨至髋臼。

标记：

- R/L 标记放置在投照区域内远离骨骼的位置。
- 标记放置于后部区域。

测厚：

- 测量腰椎中段的厚度。

图 9-26　腰椎腹背位投照的正确摆位

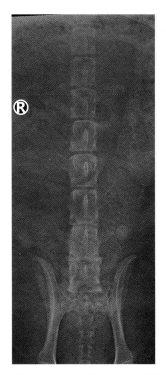

图 9-27 腰椎腹背位 X 线片

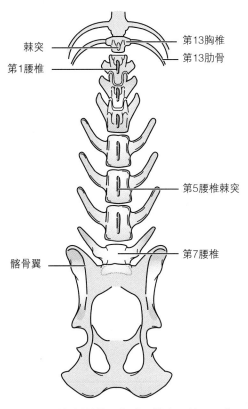

图 9-28 解剖结构和标志：棘突、第 1 腰椎、
髂骨翼、第 13 胸椎、第 13 肋骨、第 5 腰椎
棘突和第 7 腰椎、

腰椎侧位投照

摆位：

- 动物右侧卧或左侧卧。
- 双前肢轻微向前均匀伸展。
- 双后肢轻微向后均匀伸展。
- 可能需要在胸骨下放置泡沫垫，避免脊柱旋转。

投照中心：

- 第 3 至第 4 腰椎之间的椎间隙。

投照范围：

- 剑状软骨至髋臼。

标记：

- R/L 放在投照区域内远离骨骼的位置，标记贴近 X 线片盒的一侧。

测厚：

- 测量腰椎中段的厚度。

图 9-29　腰椎侧位投照的正确摆位

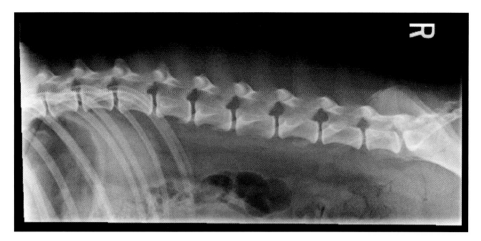

图 9-30　腰椎侧位 X 线片

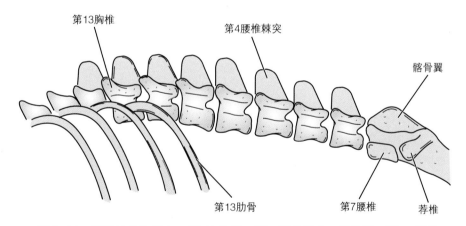

图 9-31　解剖结构和标志：第 13 胸椎、第 4 腰椎棘突、髂骨翼、第 13 肋骨、第 7 腰椎和荐椎

腰荐椎腹背位投照

摆位：

- 动物在 V 形槽内仰卧。
- 双前肢轻微向前均匀伸展。
- 双后肢轻微向后均匀伸展。
- 可能需要在胸骨下放置泡沫垫，避免脊柱旋转。

投照中心：

- 触摸髂骨翼，投照中心在髂骨翼后的骨盆中间位置。

投照范围：

- 第 6 腰椎至髂骨嵴。

标记：

- R/L 标记放置在投照区域内远离骨骼的位置。
- 标记放置于后部区域。

测厚：

- 测量髂骨翼处的厚度。

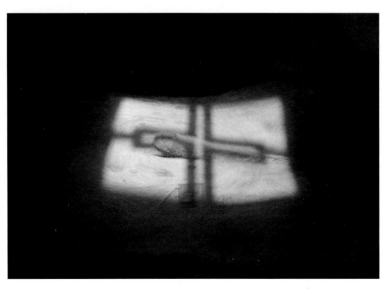

图 9-32　腰荐椎腹背位投照的正确摆位

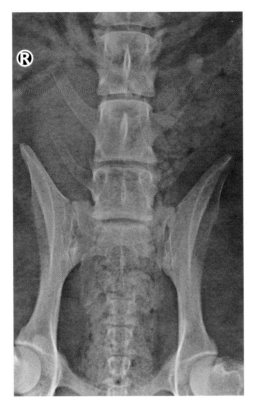

图 9-33　腰荐椎腹背位 X 线片

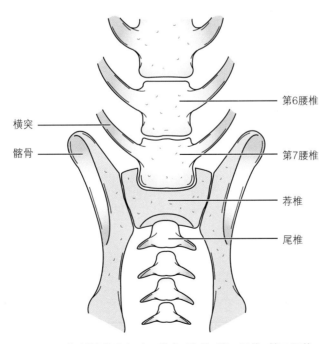

图 9-34　解剖结构和标志：横突、髂骨、第 6 腰椎、第 7 腰椎、荐椎和尾椎

腰荐椎侧位投照

摆位：

- 动物右侧卧或左侧卧。
- 双前肢轻微向前均匀伸展。
- 双后肢轻微向后均匀伸展。
- 可能需要在胸骨下放置泡沫垫，避免脊柱旋转。
- 两后肢之间放置泡沫楔，使两侧骨盆重叠。

投照中心：

- 触摸髂骨翼和腰荐区的背侧棘突，投照中心位于髂骨翼后缘、触摸有明显凹陷的腰荐结合处。

投照范围：

- 从第 6 腰椎、髂骨嵴到第 1 尾椎。

标记：

- R/L 放在投照区域内远离骨骼的位置，标记贴近 X 线片盒的一侧。
- 标记放置于投照区域内右前区或左后区，避免与骨骼重叠。

测厚：

- 测量髂骨翼后方最厚处的厚度。

备注：

- 其他体位包括腰荐结合处的屈曲位和伸展位。

图 9-35 腰荐椎侧位投照的正确摆位

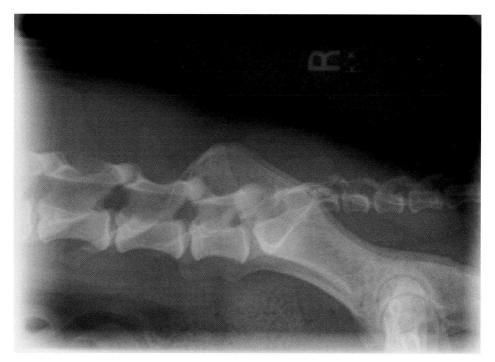

图 9-36　腰荐椎侧位 X 线片

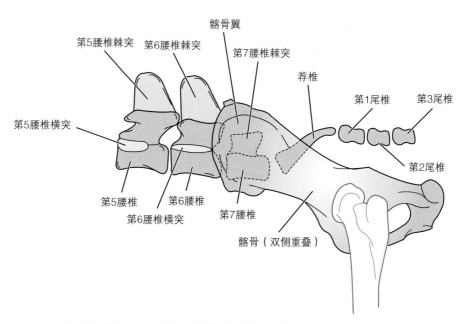

图 9-37　解剖结构和标志：第 5 腰椎横突、第 5 腰椎、第 6 腰椎横突、第 6 腰椎、第 7 腰椎、髂骨（双侧重叠）、第 5 腰椎棘突、第 6 腰椎棘突、髂骨翼、第 7 腰椎棘突、荐椎、第 1 尾椎、第 2 尾椎和第 3 尾椎

尾椎腹背位投照

摆位：

- 动物仰卧。
- 使用 V 形槽或沙袋辅助动物仰卧。
- 双后肢自然放置。
- 尾巴后拉。

投照中心：

- 从荐椎与尾尖的中间。

投照范围：

- 荐椎至尾尖。

标记：

- R/L 标记放置在投照区域内远离骨骼的位置。
- 标记放置于后部区域。

测厚：

- 测量尾巴最厚处的厚度。

备注：

- 可使用胶带固定，维持尾巴呈一条直线。

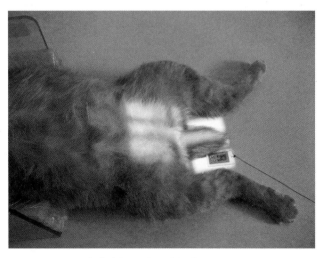

图 9-38　尾椎腹背位投照的正确摆位

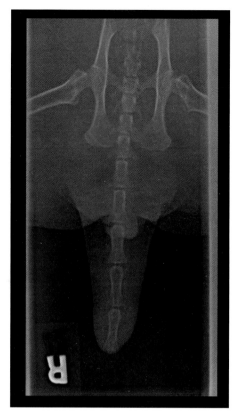

图 9-39　尾椎腹背位 X 线片

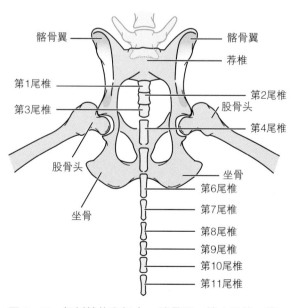

图 9-40　解剖结构和标志：髂骨翼、第 1 尾椎、第 3
尾椎、股骨头、坐骨、荐椎、第 2 尾椎、第 4 尾椎、
第 6 尾椎、第 7 尾椎、第 8 尾椎、第 9 尾椎、第 10 尾
椎和第 11 尾椎

尾椎侧位投照

摆位：

- 动物右侧卧或左侧卧。

投照中心：

- 从荐椎到尾尖的中间。

投照范围：

- 荐椎至尾尖。

标记：

- R/L 标记放置在投照区域内远离骨骼的位置。
- 标记放置于后部区域。

测厚：

- 测量尾巴最厚处的厚度。

备注：

- 可垫高片盒，使尾巴贴近 X 线片盒并与脊柱保持直线，或者在尾巴下方放置海绵使其与片盒平行；这取决于患病动物体型的大小。
- 可使用胶带固定，维持尾巴呈一条直线。

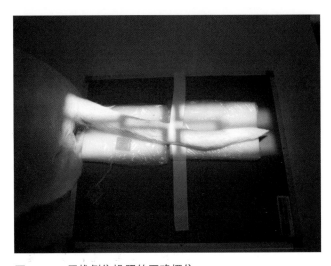

图 9-41　尾椎侧位投照的正确摆位

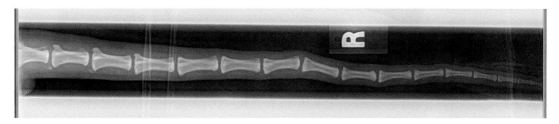

图 9-42 尾椎侧位 X 线片

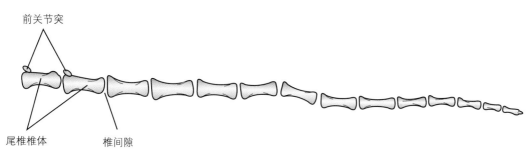

图 9-43 解剖结构和标志：前关节突、尾椎椎体和椎间隙

第 10 章

鸟类和异宠 X 线摄影

概述

如果要获得具有诊断价值的鸟类、爬行动物、两栖动物和小型哺乳动物的 X 线片，有许多特异性因素需要考虑。与犬和猫所使用的标准方法相比，鸟类和异宠所使用的胶片和片盒的类型、焦点、投照范围、曝光时间和保定方法都需要改良。

乳腺 X 线摄影所使用的胶片和片盒经常会用于鸟类和异宠 X 线摄影。乳腺 X 线摄影使用的胶片是单层的感光乳剂，片盒使用单一增感屏。将胶片放在片盒中，胶片深色的一面朝向片盒的深色面，而浅色的一面朝向片盒的浅色面（图 10-1）。

将片盒放在摄影床面上，移动 X 线球管，调整焦点 – 胶片距为 40 英寸（100cm）。这样会造成胶片上影像的放大，有助于评估这些小型物种的 X 线片。缩小感兴趣区域周围的投照，将有助于减少散射并使细节最大化。

曝光时间和设置依胶片和 X 线机的类型不同而变化。当使用乳腺 X 线摄影用的胶片时，需要更长的曝光时间。毫安（mA）设置为 300，曝光时间为 1/10 秒，千伏峰值（kVp）为 40 ~ 50，通常会产生高质量、高细节的图像。当使用双面胶片时，mA 设置为 300，曝光时间为 1/60 秒，kVp 为 40 ~ 50 时可以获得高质量的 X 线片。

保定的基本原则

患病动物需要进行适当的保定，以减少或消除任何可能导致模糊或降低图像质量的运动。可以通过物理保定或化学保定来实现。

在许多鸟类病患中，物理保定一般被认为是不可接受的，特别是大型的、强健的鸟类，高度紧张的或易怒的鸟类以及可能因为挣扎而加重病情的受伤的鸟类。在这些情况下，需使用化学保定。可采用吸入麻醉的方式（七氟烷或异氟烷）。对一些安静的鸟类，可以使用胶带或商品化的限制设备来进行物理保定。对于鸟类病患的重金属检查，可通过将一只小鸟放入一个纸袋中来迅速完成（图10-2）。然后将纸袋直接放在 X 线片盒上。大型鸟类可直接站在片盒上，或者将鸟放在栖息处，使用水平 X 线投照进行检查。

大多数蜥蜴和乌龟可以安静地待在片盒上，在进行背腹位投照时无需进行任何保定。较兴奋的爬行动物可使用胶带、沙袋或棉球缠绕绷带进行保定（图10-3 和图10-4）。棉球缠绕绷带有助于使病患安静。脾气非常暴躁或具有攻击性的病患可能需要某种形式的化学保定。

图 10-1　胶片在片盒中的正确放置

图 10-2　鸟类 X 线投照

图 10-3　爬行动物的保定

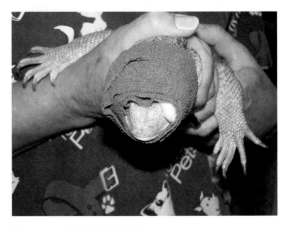

图 10-4　爬行动物的保定

蛇的保定是很有挑战性的。胶带和沙袋的保定方式被证明是无效的。一般来说，人工保定是最有效的。人工保定或使用丙烯酸管是最常用的保定蛇的方式（图 10–5 和图 10–6）。

兔和雪貂可以使用类似于猫的物理保定方式。对于易怒或紧张的兔或雪貂会建议进行麻醉。

图 10–5　蛇的保定

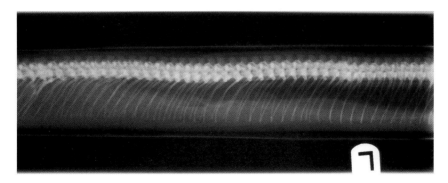

图 10–6　蛇的 X 线片

鸟类病患侧位投照

摆位：

- 动物右侧卧。
- 颈部伸展，用海绵垫支撑头部并与片盒平行。
- 翅膀向背侧伸展，在腕关节处用胶带固定。
- 胸骨与片盒平行。
- 双腿向后牵拉并用胶带固定。

投照中心：

- 胸骨体。

投照范围：

- 全身

标记：

- R 标记放置在投照区域内胸骨的前面。

测厚：

- 测量胸部最厚的部位。

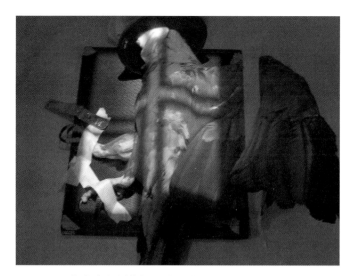

图 10-7　鸟类病患侧位投照的正确摆位

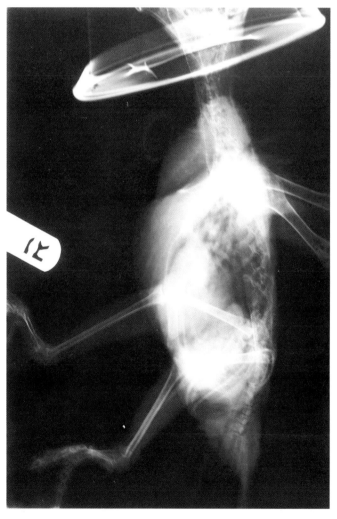

图 10-8　鸟类病患侧位 X 线片

鸟类病患腹背位投照

摆位：

- 动物仰卧。
- 颈部伸展，用海绵垫支撑头部并与片盒平行。
- 翅膀从身体向两侧伸展，在腕关节处用胶带固定。
- 胸骨和胸椎保持重叠。
- 双腿向后牵拉并用胶带固定。

投照中心：

- 胸骨体。

投照范围：

- 全身

标记：

- R 或 L 标记放置于投照区域内。

测厚：

- 测量胸部最厚的部位。

图 10-9　鸟类病患腹背位投照的正确摆位

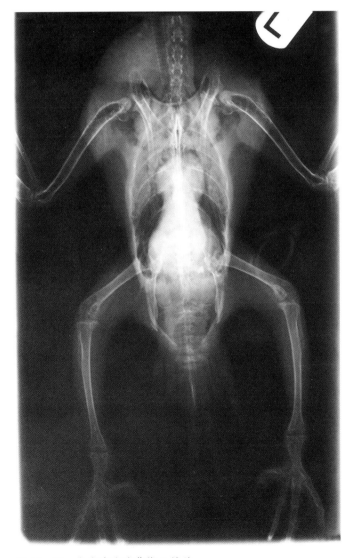

图 10-10　鸟类病患腹背位 X 线片

蜥蜴背腹位投照

摆位：

- 动物俯卧。
- 双前肢和后肢轻柔地放置于身体外侧。
- 可使用胶带将其固定。

投照中心：

- 身体中部区域。

投照范围：

- 全身，包括头、四肢和尾巴前部。

标记：

- R 或 L 标记放置于投照区域内。

测厚：

- 测量身体最厚部位的厚度。

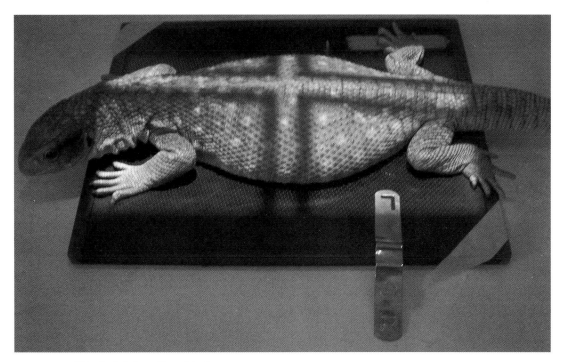

图 10-11　蜥蜴背腹位投照的正确摆位

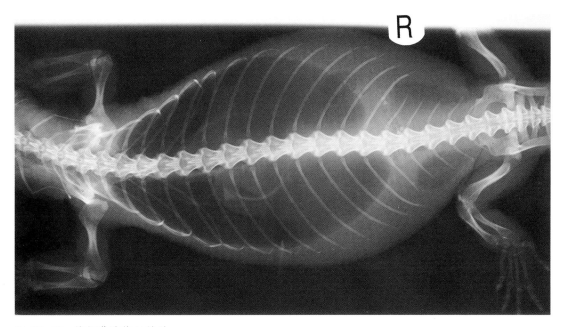

图 10-12　蜥蜴背腹位 X 线片

蜥蜴侧位投照

摆位：

- 动物右侧卧。
- 双前肢向身体前腹侧牵拉。
- 双后肢向身体后腹侧牵拉。
- 双前肢和双后肢分别用绷带缠绕，减少挣扎（图 10-13）。
- 用胶带固定四肢。
- 用胶带压在肩关节和髋关节上来固定身体；使用海绵垫来保持身体的水平。

投照中心：

- 身体中部区域。

投照范围：

- 全身，包括头、四肢和尾巴前部。

标记：

- R 或 L 标记放置于投照区域内。

测厚：

- 测量身体最厚部位的厚度。

图 10-13　蜥蜴的保定

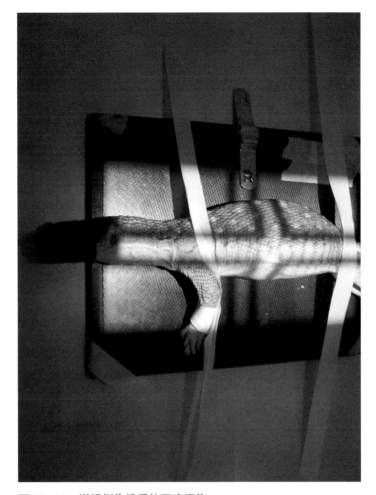

图 10-14　蜥蜴侧位投照的正确摆位

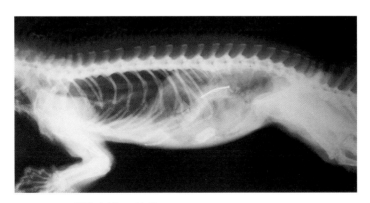

图 10-15　蜥蜴侧位 X 线片

蜥蜴水平 X 线侧位投照

摆位：

- 动物俯卧。
- 确保身体尽可能地靠近片盒。

投照中心：

- 身体中部区域。

投照范围：

- 全身，包括头和尾巴前部。

标记：

- 用胶带将 R 或 L 标记固定在身体上方的片盒上。

测厚：

- 测量身体最厚部位的厚度。

图 10-16　蜥蜴水平 X 线侧位投照的正确摆位

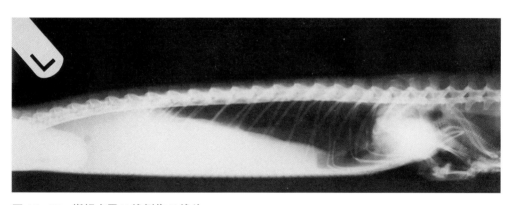

图 10-17　蜥蜴水平 X 线侧位 X 线片

龟背腹位投照

摆位：

- 动物俯卧。
- 双前肢和双后肢轻轻地放置于身体外侧。
- 可使用胶带将其固定。

投照中心：

- 身体中部区域。

投照范围：

- 全身，包括头、四肢和尾巴前部。

标记：

- R 或 L 标记放置于投照区域内。

测厚：

- 测量身体最厚部位的厚度。

图 10-18　龟背腹位投照的正确摆位

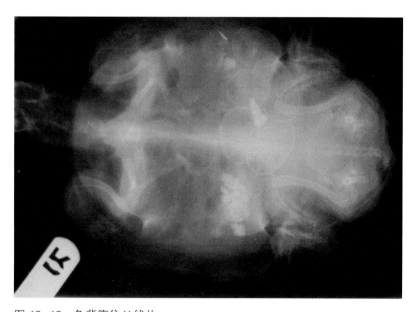

图 10-19　龟背腹位 X 线片

龟水平 X 线侧位投照

摆位：

- 动物俯卧。
- 确保身体尽可能地靠近片盒。

投照中心：

- 身体中部区域。

投照范围：

- 全身，包括头和尾巴前部。

标记：

- 用胶带将 R 或 L 标记固定在身体上方的片盒上。

测厚：

- 测量身体最厚部位的厚度。

图 10-20 龟水平 X 线侧位投照的正确摆位

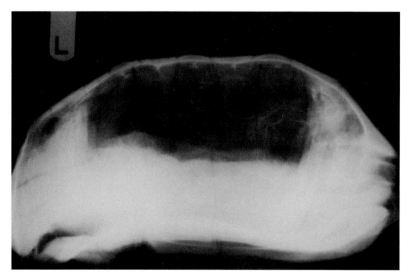

图 10-21 龟水平 X 线侧位 X 线片

兔腹部侧位投照

摆位：

- 动物右侧卧。
- 双前肢前拉，双后肢后拉；用胶带固定。
- 胸骨平行于片盒；可以使用海绵垫辅助完成。

投照中心：

- 最后肋骨前缘。

投照范围：

- 从剑状软骨前缘至耻骨后缘。

标记：

- R 标记放置于腹股沟区域。

测厚：

- 测量最后肋骨处的厚度。

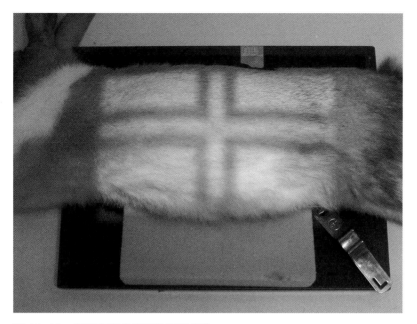

图 10-22　兔腹部侧位投照的正确摆位

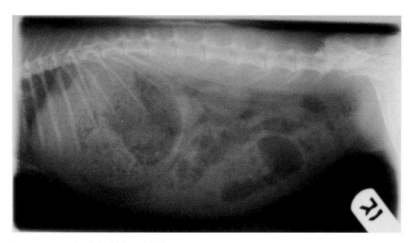

图 10-23　兔腹部侧位 X 线片

兔腹部腹背位投照

摆位：

- 动物仰卧。
- 用沙袋固定前躯，保持躯干两侧对称。
- 双后肢后拉并用沙袋或胶带固定。

投照中心：

- 最后肋骨后缘。

投照范围：

- 剑状软骨前缘至耻骨后缘。

标记：

- R 标记放置于腹股沟区域处。

测厚：

- 测量最后肋骨处的厚度。

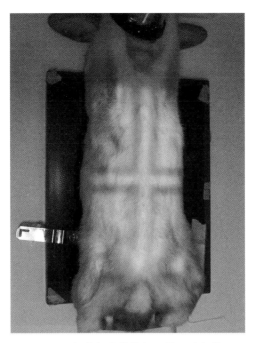

图 10-24　兔腹部腹背位投照的正确摆位

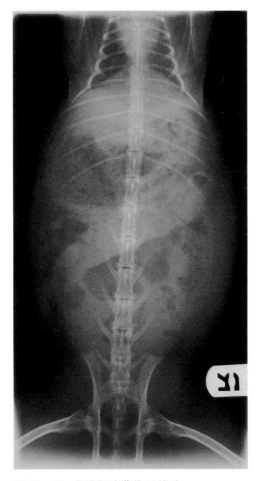

图 10-25　兔腹部腹背位 X 线片

兔胸部侧位投照

摆位：

- 动物右侧卧。

- 双前肢前拉，双后肢后拉；用胶带固定。

- 胸骨平行于片盒；可以使用海绵垫辅助完成。

投照中心：

- 胸骨。

投照范围：

- 胸腔入口处前缘至最后肋骨后缘。

标记：

- R 标记放置于前肢的后方。

测厚：

- 测量最后肋骨处的厚度。

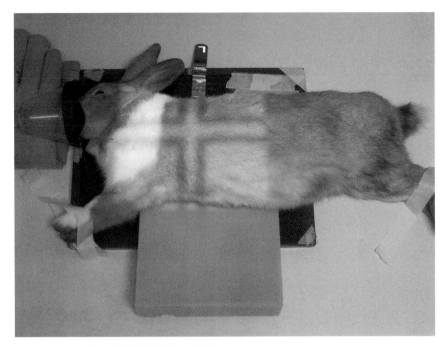

图 10-26　兔胸部侧位投照的正确摆位

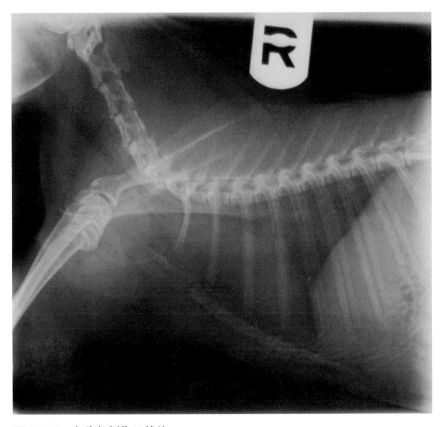

图 10-27　兔胸部侧位 X 线片

兔胸部腹背位投照

摆位：

- 动物仰卧。
- 双前肢前拉，双后肢后拉；用胶带固定。
- 胸骨和脊柱保持重叠。

投照中心：

- 第 4 肋间隙。

投照范围：

- 胸腔入口处前缘至最后肋骨后缘。

标记：

- R 标记放置于前肢的后方。

测厚：

- 测量最后肋骨处的厚度。

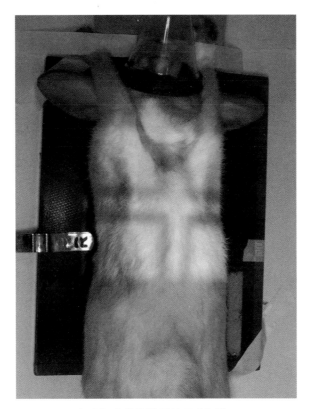

图 10-28　兔胸部腹背位投照的正确摆位

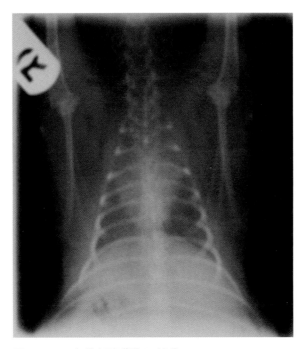

图 10-29　兔胸部腹背位 X 线片

兔头部侧位投照

摆位：

- 动物侧卧。
- 将海绵垫置于颈部和鼻子下方，使头部平行于片盒，防止倾斜。
- 把耳朵放在头部上方，确保远离投照区域。

投照中心：

- 头中部。

投照范围：

- 鼻前方至颅底部的稍后方。

标记：

- 标记放置在鼻子上方。

测厚：

- 测量头部最厚处的厚度。

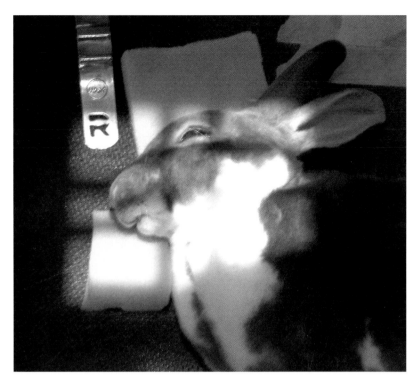

图 10-30　兔头部侧位投照的正确摆位

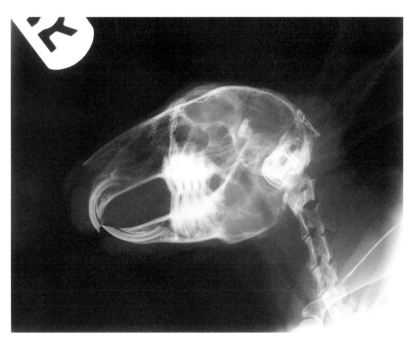

图 10-31　兔头部侧位 X 线片

兔头部背腹位投照

摆位：

- 动物俯卧。
- 用胶带固定颅底部，使头部平行于片盒。
- 将耳朵置于两侧，确保其远离投照区域。
- 确保头部与片盒平行。

投照中心：

- 头中部。

投照范围：

- 鼻头侧至颅底部的稍后方。

标记：

- 标记放置在鼻旁。

测厚：

- 测量头部最厚处的厚度。

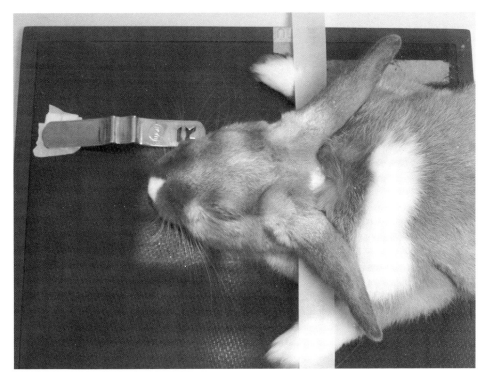

图 10-32　兔头部背腹位投照的正确摆位

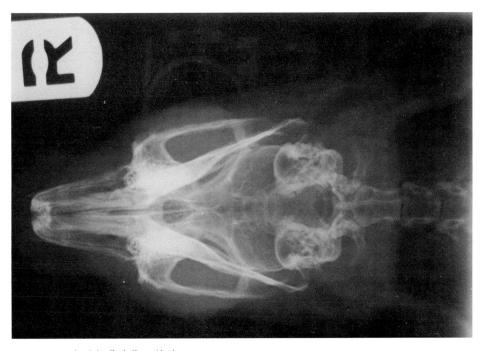

图 10-33　兔头部背腹位 X 线片

兔头部侧斜位投照

摆位：

- 动物侧卧（右侧卧或左侧卧）。
- 在头部下方放置海绵垫，头部与片盒成 45° 倾斜。
- 将耳朵置于两侧，确保其远离投照区域。

投照中心：

- 头中部。

投照范围：

- 鼻前方至颅底部的稍后方。

标记：

- 标记放置在鼻旁。

测厚：

- 测量头部最厚处的厚度。

图 10-34 兔头部侧斜位投照的正确摆位

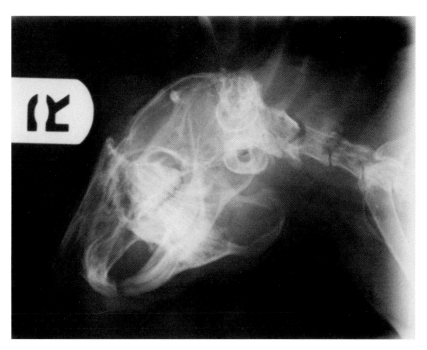

图 10-35 兔头部侧斜位 X 线片

雪貂腹部侧位投照

摆位：

- 动物右侧卧。
- 双前肢前拉，双后肢后拉；用胶带固定。
- 胸骨与片盒平行；可以通过使用海绵垫来完成。

投照中心：

- 最后肋骨后缘。

投照范围：

- 从剑状软骨前缘至耻骨后缘。

标记：

- R 标记放置于腹股沟区域。

测厚：

- 测量最后肋骨处的厚度。

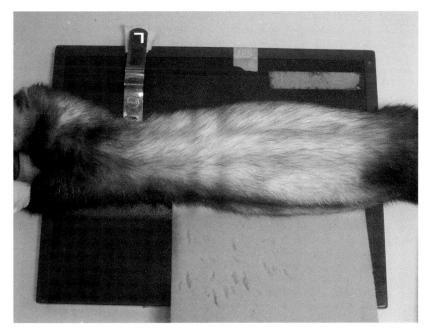

图 10-36　雪貂腹部侧位投照的正确摆位

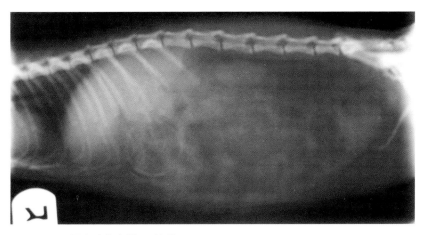

图 10-37　雪貂腹部侧位 X 线片

雪貂腹部腹背位投照

摆位：

- 动物仰卧。
- 用沙袋或胶带固定前躯，保持躯干两侧对称。
- 双后肢后拉并用胶带固定。

投照中心：

- 最后肋骨后缘。

投照范围：

- 从剑状软骨前缘至耻骨后缘。

标记：

- R 标记放置于腹股沟区域。

测厚：

- 测量最后肋骨处的厚度。

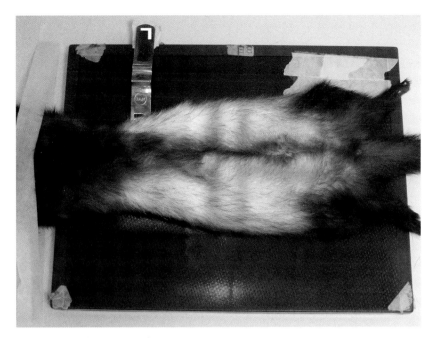

图 10-38　雪貂腹部腹背位投照的正确摆位

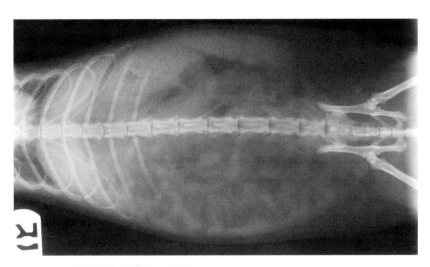

图 10-39　雪貂腹部腹背位 X 线片

雪貂胸部侧位投照

摆位：

- 动物右侧卧。
- 双前肢前拉，双后肢后拉；用胶带固定。
- 胸骨与片盒平行；可以通过使用海绵垫来完成。

投照中心：

- 剑状软骨。

投照范围：

- 从胸腔入口处前缘至最后肋骨背侧后缘。

标记：

- R 标记放置在肩关节上方。

测厚：

- 测量最后肋骨处的厚度。

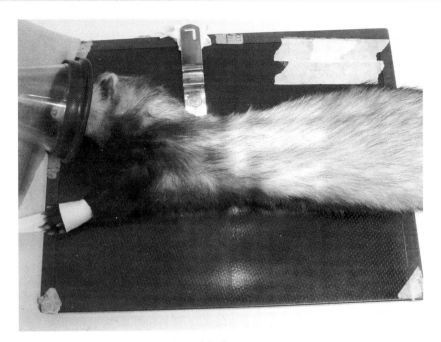

图 10-40　雪貂胸部侧位投照的正确摆位

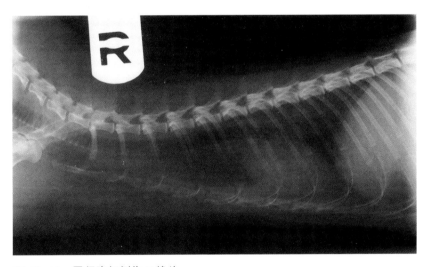

图 10-41　雪貂胸部侧位 X 线片

雪貂胸部腹背位投照

摆位：

- 动物仰卧。
- 用沙袋或胶带固定前躯，保持躯干两侧对称。
- 双后肢后拉并用胶带固定。

投照中心：

- 剑状软骨。

投照范围：

- 从胸腔入口处前缘至最后肋骨背侧后缘。

标记：

- R 标记放置在肩关节上方。

测厚：

- 测量最后肋骨处的厚度。

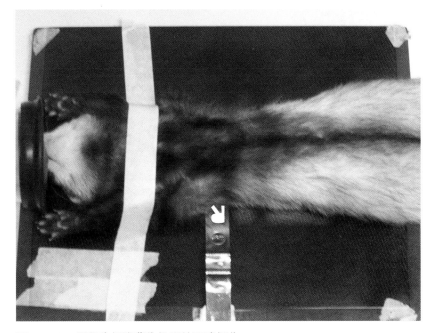

图 10-42　雪貂胸部腹背位投照的正确摆位

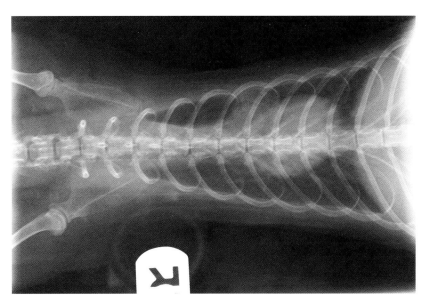

图 10-43　雪貂胸部腹背位 X 线片

雪貂全身侧位投照

摆位：

- 动物右侧卧。

- 双前肢前拉，双后肢后拉；用胶带固定。

- 胸骨与片盒平行；可以通过使用海绵垫来完成。

投照中心：

- 最后肋骨背侧与剑状软骨的中间。

投照范围：

- 胸腔入口处前缘至耻骨后缘。

标记：

- R 标记放置于腹股沟区域。

测厚：

- 测量最后肋骨处的厚度。

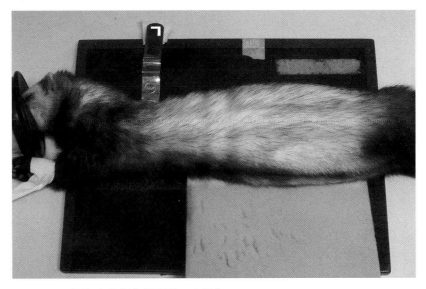

图 10-44　雪貂全身侧位投照的正确摆位

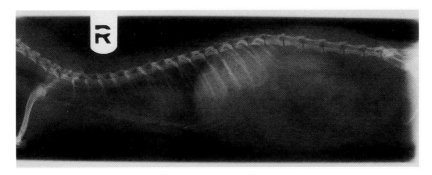

图 10-45　雪貂全身侧位 X 线片

雪貂全身腹背位投照

摆位：

- 动物仰卧。

- 用沙袋或胶带固定前躯，保持躯干两侧对称。

- 双后肢后拉并用胶带固定。

投照中心：

- 最后肋骨背侧与剑状软骨的中间。

投照范围：

- 胸腔入口处前缘至耻骨后缘。

标记：

- R（右）标记放置于腹股沟区域。

测厚：

- 测量最后肋骨处的厚度。

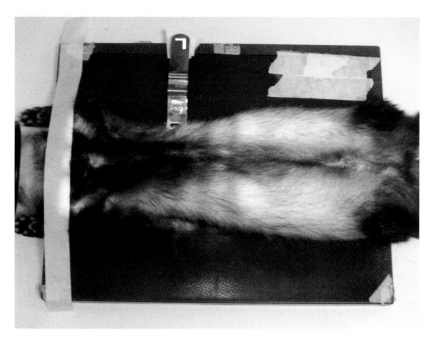

图 10-46　雪貂全身腹背位投照的正确摆位

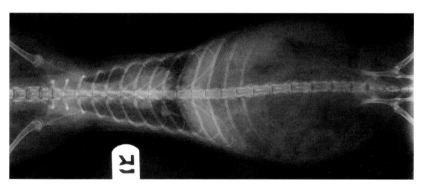

图 10-47　雪貂全身腹背位 X 线片